Graham Bell

Der Permakultur-Garten

Gedruckt auf
100% Recyclingpapier

Graham Bell

Der Permakultur-Garten

Anbau in Harmonie mit der Natur

**Für Nancy und die
Herrlichkeit des Gartens**

Graham Bell ist der am längsten unterrichtende Permakultur-Lehrer in Großbritannien. Sein »Food Forest« ist der älteste Waldgarten in Großbritannien und wird von Interessierten aus der ganzen Welt besucht (nur mit Termin möglich) und produziert mit seinen 800 m² Fläche 16 Tonnen an Nahrung pro Hektar und Jahr.

Der Garten ist zugleich auch ein Paradies für Wildleben, dient als wunderschöne Wohnzimmererweiterung, als eine Baumschule und Lehrort.

Graham bildet auch Ausbilder der Landwirtschaftsakademie aus. Er ist Vorsitzender von Permakultur Schottland und der Britischen Permakultur-Bildungs-Arbeitsgruppe. Er hat auf sechs Kontinenten unterrichtet und ist international als Redner, Autor, Mentor und Trainer geschätzt. Sein erstes Buch »Permakultur praktisch« (The Permaculture Way) ist ebenfalls im pala-verlag erschienen.

Mehr über Graham Bell: www. grahambell.org

Inhaltsverzeichnis

Danksagung

Ich möchte folgenden Gärtnerinnen und Gärtnern für die Inspirationen aus ihren Gärten danken:

Eoin Cox, Jedburgh
Kate Cox, Holefield
Rod und Jane Everett, Middlewood
Phil und Anne Harris, Heatherslaw
Robert Hart, Rushbury
Ken Fern und alle in Lower Penpol
John Manson, Greenlaw
Steve und Yvonne Page, Chez Forest
Emma und Bernard Platerose, Scourie
Clive Simms, Essendine
Owen Smith und Jill Jackson, Tai Madog
Tony Wrench, Wales

Folgende Abkürzungen werden in den Tabellen benutzt:	
E	einjährig
M	mehrjährig
Z	zweijährig
EM	mehrjährig – aber empfindlich
HH	halbhart und einjährig

Für weitere Informationen über die Verwendung der einzelnen Pflanzen möchte ich auf mein anderes Buch, *Permakultur praktisch* (pala-verlag), verweisen.

Ich möchte mich bei den vielen anderen entschuldigen, denen ich ebenfalls zu Dank verpflichtet bin.

Ich möchte den folgenden Lehrenden der Permakultur für das danken, was ich von ihnen gelernt habe:

Chris Dixon, Sylvia Eagle, Patsy Garrard, Lea Harrison, Jane Hera, Joanna Jackson, Andy Langford, Ian Lillington, Bill Mollison, Stephen Nutt, Simon Pratt, George Sobol, Charlie Wannop, Patrick Whitefield.

Außerdem wäre dieses Buch nicht möglich gewesen ohne die nette und liebevolle Unterstützung von Bob Clarke, Martin Hadshar, Steve Hoyle, Bruce Lowe, Julian Watson, Sandy Watson, Nancy Woodhead, Diana und Jay Woodhead.

Einleitung

Was einzig zählt, ist eins zu
sein mit dem lebendigen Gott
Ein Geschöpf im Hause des
Gottes des Lebens zu sein.

D. H. LAWRENCE (1885 – 1930) ‚PAX'

Eine andere Art Gartenkultur

Ich liebe Gärten. Wenn ich im Garten
arbeite oder mich einfach nur dort auf-
halte, fühle ich mich wirklich lebendig,
als würde mich der Garten mit einer tiefen
nahrhaften Energiequelle verbinden. Der
Garten ist und bleibt eine zentrale Quelle
positiver und kraftspendender Freude im
Leben vieler Menschen, die darum kämpfen, sich in einer stressigen und möglicherweise verrückten Welt zurechtzufinden
und darin zu überleben.

Dieses Buch ist für alle gedacht, bei denen diese Gedanken auf ein Echo stoßen,
und es soll den Menschen Mut machen,
die gerne mehr aus ihrem Garten machen
würden, die jedoch nur wenig Zeit dafür
zur Verfügung haben. Die im Folgenden
aufgezeigten Ansätze und Methoden sind
im Einklang mit den Überzeugungen jener
Menschen, die sich der Wiederbelebung
der Erde und auch des menschlichen Geis-
tes verschrieben haben. Diese Perspektive
wird häufig mit dem symbolischen Etikett
»grün« versehen, was nicht unbedingt
immer eine hilfreiche Bezeichnung sein
muss. Es ist aber ein angemessenes Wort
zur Beschreibung des prächtigen Wuchses,
den Sie in Ihrem Garten bewirken können,
wenn Sie sich die in diesem Buch enthaltenen Empfehlungen zunutze machen.

Wenn wir Zeit im Garten verbringen,
stellen wir eine Rückverbindung zwischen uns und den Lebensvorgängen des
Planeten Erde, unseres Zuhauses, her.
Gartenarbeit ist aktive Freizeitgestaltung;
es handelt sich dabei nicht um einen »Zeit-
vertreib«, sondern um eine kreative und
bereichernde Erfahrung. Törichterweise
sprechen wir oft davon, »draußen zu sein«,
als ob das Haus und nicht das Freie unser
»wirklicher« Platz in der Welt sei.

Das Gefühl des Nicht-Verbundenseins ist
eine direkte Folge verschiedener Revolu-
tionen, nämlich der landwirtschaftlichen,
der industriellen und der jüngsten, der
informationstechnologischen Revolution.
Bevor diese Veränderungen die Gesellschaft zerrissen, verbrachten die meisten
Menschen den größten Teil ihrer Zeit in
enger Verbundenheit mit der natürlichen
Umwelt, der außerdem ein Großteil unseres Interesses galt.

In diesem Buch wird eine andere Art
Gartenkultur vorgeschlagen, und zwar
eine, die unser Gefühl wiederherstellt,
zur Welt dazuzugehören und eng mit
dem lebendigen Kosmos verbunden, anstatt davon abgetrennt zu sein. In diesem
Buch wird nicht vorgeschlagen, dass wir
alle »zurück zur Natur« gehen (wir waren
nie fort von ihr) oder gar dass wir unseren Broterwerb aufgeben; auch wird niemand durch dieses Buch zu einer Menge

schwerer Arbeit angehalten. Was dieses Buch allerdings aufzeigt, ist eine Möglichkeit, anhand derer normale Menschen ihren ganz persönlichen Beitrag leisten können, wenn es darum geht, den Planeten wieder zu begrünen.

Dies sind vielleicht sehr große Worte für eine so bescheidene Tätigkeit wie das Gärtnern. Und doch befinden wir uns mitten in einer kritischen Phase, in der Entscheidungen in Angelegenheiten, die die gesamte Menschheit betreffen, getroffen werden. Entweder fahren wir fort, unsere Eingriffsmöglichkeiten in die Natur als unbegrenzt und die Erde als unversiegbare Rohstoffquelle für unseren Konsum anzusehen, oder wir sehen dem Verfall der Umwelt und der menschlichen Seele als global evidente Tatsachen ins Auge und entscheiden uns, die Verantwortung dafür anzunehmen. Im Angesicht drohender weltweiter Katastrophen fühlen sich die meisten von uns überwältigt – aber vor unserer eigenen Haustür bieten sich uns sofort beschreitbare Wege, uns für die Erhaltung des Planeten persönlich und praktisch einzusetzen.

Boden von guter Qualität wird immer seltener, die Weltbevölkerung wächst, es gibt kaum noch Öl. Wir könnten angesichts dessen in Weltuntergangsstimmung verfallen, oder aber – und das ist mein Tipp – uns mit dem Garten beschäftigen. Der Anbau der eigenen Nahrungsmittel oder etwa die Verwandlung einer winzigen Parzelle in einen von Leben nur so strotzenden Miniwald ist eine unmittelbare und positive Reaktion, die zum Ziel hat, den angerichteten Schaden wieder geradezubiegen.

In Kerala in Indien (einem Staat, der vor Gärten förmlich platzt) erachtet man ein Fünftel Hektar Land als eine ausreichend große landwirtschaftliche Fläche für die Versorgung einer Familie. Der durchschnittliche Hausgarten mag eine kleinere Fläche haben, kann aber immer noch hochproduktiv sein und dabei nur ein bis zwei Stunden Arbeit pro Woche in Anspruch nehmen, wenn Gestaltungsmethoden angewendet werden, die den Arbeitseinsatz minimieren.

Wenn wir im Garten arbeiten, sind wir mit all unseren Sinnen in Kontakt mit den Launen des Wetters, den wechselnden Stimmungen und Ansprüchen der Jahreszeiten und sogar mit den relativen Bewegungen der Sterne und Mondphasen. So entwickeln wir wieder ein inneres Wissen von der Qualität der fruchtbaren Vorgänge, die unserem Garten seine Fülle verleihen, und fühlen uns wieder als Teil des Kontinuums des Lebens anstatt als davon abgetrennte Beobachter.

Diese Methode der Lebensgestaltung, die auf Beobachtungen der Natur beruht, wobei das Verständnis unserer selbst als Teil dieser Natur zugrunde liegt, wird mit dem Begriff »Permakultur« bezeichnet (von *Permanent Agriculture* – dauerhafte Landwirtschaft –, wobei auch die Vorstellung einer dauerhaften Kultur impliziert wird). Mein voriges Buch, *Permakultur praktisch* (pala-verlag), enthält eine allgemeine Einführung in die Gestaltungsmethodologie der Permakultur. Im vorliegenden Buch geht es um die spezifische Anwendung von Permakultur im Garten. Wir werden uns weiter hinten im Buch auch mit den größeren kulturellen Zusammenhängen und mit der Rolle des Gartenbaus in unseren kulturellen Überlieferungen beschäftigen.

Was genau ist Permakultur?

Man könnte diese Frage kurz damit beantworten, dass Permakultur die Kunst des Möglichen ist. Im Zuge der Artenschutzfrage in den sechziger Jahren drang Umweltbewusstsein erstmals in die Aufmerksamkeit der Öffentlichkeit. Permakultur will jedoch über das bloße Schützen der Umwelt hinausgehen und mit regenerativen Mitteln für die langfristige Wiederherstellung der globalen Umwelt auf lebendige und dynamische Weise sorgen, anstatt einfach nur die weitere Zerstörung kleiner Teile des Planeten aufzuhalten und sie als Museumsstücke zu konservieren.

Aus kleinen Anfängen hat sich inzwischen ein bedeutender Fundus an Wissen über die Gestaltung von menschlichem Lebens- und Arbeitsraum entwickelt. Nur was langfristig aufrechtzuerhalten ist, kann dauerhafte Gesellschaften aufbauen. Die derzeitige instabile Politik, die Art, wie wir den Boden nutzen und die Gefühlskälte unter den Menschen müssen einfach zu einer Veränderung führen. Diese Veränderung wird uns zu beständigen Gesellschaften zurückführen und muss auf der Grundlage einer dauerhaften Landwirtschaft vollzogen werden.

Warum brauchen wir dauerhafte Landwirtschaft und wodurch zeichnet sie sich aus? Wir sind gerade dabei, mit großer Geschwindigkeit zu lernen, dass der Preis für unser derzeitiges hohes Konsumniveau in der massiven Schädigung der globalen Umwelt besteht.

Wer während der letzten Jahre ferngesehen oder Zeitung gelesen hat, wird die mannigfaltigen Beweise dafür nicht übersehen haben können. Ob es sich um Löcher in der Ozonschicht handelt, um Verschmutzung, Ölkriege oder um die Aufheizung der Atmosphäre – alle diese Faktoren bedrohen unsere zukünftigen Nahrungsquellen.

Der Begriff Permakultur wurde 1978 von dem Australier Bill Mollison geprägt, als dieser zusammen mit David Holmgren ein Buch mit dem Titel *Permakultur* veröffentlichte. Das Konzept gründet sich auf die langjährige Beobachtung natürlicher Systeme. Als bestes Beispiel eines solchen Systems in den gemäßigten Klimazonen könnte der Laubwald genannt werden.

In echter Wildnis (von der in Europa praktisch nichts übrig ist) ist ein Wald ein System der Pflanzenbedeckung, das sich selbst regeneriert und von unbegrenzter Nachhaltigkeit ist. Es handelt sich dabei um ein System, dessen Funktionen fünf Dimensionen umspannen: die zwei horizontalen Dimensionen, die vertikale Dimension, die zusätzliche vierte Dimension der Zeit und als krönenden Abschluss die fünfte Dimension der Beziehungen. Jede dieser »Richtungen« maximiert die räumliche Nutzung und steigert damit die Gesamtproduktivität.

Die mechanisierte monokulturelle Landwirtschaft ist extrem zweidimensional. Im Gegensatz dazu bietet der Wald aus unserem Beispiel eine breite Palette an Lebensmöglichkeiten von der tiefsten Wurzel bis zur höchsten Baumspitze. Der Baum selbst verändert sich mit den Jahreszeiten, sodass am Anfang des Frühlings Zwiebelgewächse gedeihen können, bevor eine dichtere Belaubung das Eindringen von Sonnenlicht verhindert. Selbst die Veränderungen eines Tages bieten hintereinander verschiedenen Säugetieren, Vögeln und Insekten diverse Möglichkeiten für die Nahrungsbeschaffung und die Ausführung der anderen lebenswichtigen Funktionen. Der Baum und die anderen Lebensformen gedeihen nicht in Isolation, sondern gerade aufgrund ihrer vielen, sich gegenseitig begünstigenden Beziehungen. Die Baumwurzeln nehmen Nährstoffe nicht nur mittels physischer und chemischer Prozesse auf, sondern auch aufgrund der engen Verbindung mit allerlei im Erdreich befindlichen Lebensformen vom Regenwurm bis zur Bakterie. Auf der anderen Seite ist der Baum ohne Insekten, die seine Blüten bestäuben, und ohne Säugetiere und Vögel, die seine Samen verbreiten, nicht in der Lage, die Fortpflanzung zu gewährleisten. Und dies ist nur ein winziger Ausschnitt aus dem komplexen Beziehungsnetz eines einzigen Baums.

Auf der Grundlage ihrer Beobachtungen von natürlichen Kreisläufen haben Menschen, die Permakultur praktizieren, aus diesen Prinzipien Strategien entwickelt, anhand derer jeder in der Lage ist, überall auf der Erde Systeme aufzubauen, die

○ extrem ertragreich, regenerativ und nahrhaft sind,
○ minimalen Aufwand bei maximalem Ertrag bieten,
○ ethisch vertretbar sind, da sie das Wohl des Bodens sowie das der Menschen im Auge haben,
○ Überschüsse erzeugen, die geteilt werden können.

Die Permakultur im eigenen Garten anzuwenden, kann der erste Schritt hin zur Einschränkung des persönlichen Konsums und zur Gestaltung des eigenen Lebens in immer kreativeren Bahnen sein.

Konsumeinschränkung heißt, dass wir genau beobachten, welchen Aufwand ein System für welchen Ertrag erfordert. Niemand würde tonnenweise Dünger in den Wald schleppen oder säckeweise Holz-

> *Neue Häuser, neue Möbel, neue Straßen, neue Kleidung, neues Bettzeug, alles Neue und von Maschinen Hergestellte saugt das Leben aus uns heraus und macht uns kalt, macht uns leblos, je mehr wir haben.*
> *D. H. LAWRENCE (1885 – 1930), »NEW HOUSES, NEW CLOTHES«*

schnitt abtransportieren. Alle Bedürfnisse des Waldes müssen aus ihm selbst heraus befriedigt werden, und seine Erträge müssen von anderen Elementen des Systems aufgebraucht werden. Wenn Regenwürmer, aber auch andere Bodenflora und -fauna, die gefallen Blätter nicht zersetzen und verdauen würden, würde der Wald schnell unter »Blattverschmutzung« leiden.

Verschmutzung ist im Grunde nichts anderes als ein unerwünschtes Maß an Rohstoffen, und in der Permakultur lernen wir, alle Einsätze und Erträge richtig zu platzieren, und zwar mit dem Ziel, den Arbeitsaufwand zu reduzieren und den Grad der Verschmutzung zu minimieren.

Ihr nachhaltig gestalteter Garten wird ein deutlich sichtbares und lebendiges Zeugnis von der Kunst des Möglichen ablegen. Er wird auch ein lebendiges Beispiel für eine Gestaltungsmethode sein, die auf alle Aspekte der Gemeinschaft, in der Sie leben, angewendet werden kann. Das Gärtnern ist tief in der menschlichen Kultur verwurzelt und stellt ein praktisches Symbol all dessen dar, was lebensfördernd ist. Der Garten ist verstandene und durch Umsicht beherrschte Natur.

Eine Vision
globaler Gartenkultur

Ich erinnere mich daran, dass
Leute in den Garten meiner Mutter
kamen, um Ableger von ihren
Blumen zu bekommen;
Ich höre wieder das Lob,
mit dem sie überschüttet wurde,
denn egal wie steinig der Boden,
den sie vorfand, war,
sie verwandelte ihn in einen Garten ...
Sie engagiert sich in einer Arbeit,
die für ihre Seele Notwendigkeit ist.
Das Ordnen des Universums nach
dem Bild ihrer persönlichen
Auffassung von Schönheit.
ALICE WALKER, IN SEARCH OF
OUR MOTHERS' GARDENS

Für viele schwarze Frauen in den Süd-
staaten stellte das Gärtnern die einzige er-
laubte Ausdrucksmöglichkeit ihrer inneren
Kreativität dar. Meiner Meinung nach
trifft dies heute auf noch sehr viel mehr
Menschen zu, die den Garten als Ventil
für die Seele verwenden. Es ist kein Zufall, dass das Christentum die Erschaffung
des Menschen im Garten Eden vollziehen
lässt, und dass Adam und Eva den Garten
verlassen müssen, als Gott sie verbannt;
ebenso ist es kein Zufall, dass dem Koran
zufolge die Gerechten nach dem Tod bei
Gott in einem wunderschönen Garten ihre
Ruhe finden werden.

Das Wort »Paradies« selbst leitet sich aus
dem alten persischen Wort Pairidaeza ab,
was »ein mit Mauern umgrenzter Garten«
bedeutet. Das Bild wird oft in der Literatur,
insbesondere in Allegorien, verwendet und
dient der Darstellung der menschlichen
Seele. C.S. Lewis sagte darüber:

»Lassen wir uns nicht von der allegori-
schen Form täuschen. Es ... bedeutet
nicht, dass der Autor über Unwesentliches
spricht, sondern dass er über die innere
Welt spricht, also über jene Realitäten, die
er am besten kennt.«

Ein weiteres Kennzeichen für diese Be-
deutsamkeit zeigt sich darin, dass viele
Menschen einen einmaligen oder wieder-
kehrenden »Gartentraum« haben, in welchem die Träumer sich in einem gehei-
men Garten befinden (meist zusammen
mit ihren Geschwistern), welcher auf die
eine oder andere Weise einen sicheren,
ruhigen und glücklichen Ort darstellt. Der
geträumte Garten weist eine Tür auf, und
der Traum selbst ist zumeist ohne Hand-
lung. Man denkt, dass es sich bei diesem
Traum um eine Erinnerung an das Leben
in der Gebärmutter handelt, die in eine
für das nachgeburtliche Bewusstsein ver-
ständliche Ausdrucksweise übersetzt wird.

Das Ausmaß der tiefen inneren Ver-
pflichtung unseres Bewusstseins gegenüber dem Garten als Bild und Symbol, ein
kulturübergreifendes Phänomen, wird nur
von der eigentlichen Praxis des Gärtnerns
als menschliche Bindung übertroffen. Es
handelt sich dabei um eine der wenigen
Aktivitäten, der Menschen überall auf der
Welt nachgehen, und – wenn wir uns in
erster Linie als Gärtnerinnen und Gärtner
verstehen – verdeutlicht die Menschlichkeit, die wir alle miteinander teilen. Aus
solchen Bindungen kann eine friedliche
und kreative Zukunft erwachsen.

Zum Schluss noch einige weitere Gründe
für den Garten als Ausgangspunkt für die
Regeneration der Umwelt:

○ vor Ort – Gärten sind normalerweise nicht weit von unserer Wohnstätte entfernt,
○ persönlich – ihre Bearbeitung kann individuell erfolgen,
○ einladend – Gärten laden dazu ein, etwas gemeinsam mit anderen zu machen und zu teilen,
○ erreichbar – die nötigen Fähigkeiten sind leicht zu erlernen.

Gartenarbeit ist also eine Aktivität, die einer großen Mehrheit der Menschen offensteht. Sie kann schon im Blumenkasten vor dem Fenster und auf dem Balkon oder sogar ganz ohne Erde praktiziert werden. In meiner Vision einer friedvollen und üppigen Zukunft für diesen Planeten sehe ich, wie die Landwirtschaft der Großbetriebe und die monokulturelle Forstwirtschaft praktisch abgebaut werden und an ihre Stelle autonome Regionen mit Förstern und Försterinnen treten, die geringere Ansprüche an den Planeten und an sich selbst stellen als wir es heute tun, die ein einfacheres Leben führen, über genügend Nahrungsmittel, Kleidung und Wohnraum verfügen und die wahrscheinlich sehr viel mehr Freizeit haben als wir heute.

Mehr Zeit, mit unseren Kindern zu spielen, mit unseren Geliebten zusammen zu sein, in der Natur spazieren zu gehen

> *Jeder Mensch braucht ein Stück Garten, wie klein es auch immer sein mag, sodass er in Kontakt mit der Erde und deshalb mit etwas Tieferem in ihm selbst bleibt.*
> C. G. JUNG (1875 – 1961)

oder einfach zusammenzusitzen und den sich ständig wandelnden Anblick unseres Gartens zu bewundern.

Ich hoffe, dieses Buch kann Ihr Leben im Garten mit neuen Dimensionen der Freude und Produktivität bereichern. Wir müssen unser Leben nicht in Angst vor Krieg, Pest oder Umweltzerstörung verbringen. Mutter Natur zeigt, dass wir Veränderungen bewirken müssen. Und wir werden möglicherweise erkennen, dass diese Veränderungen unser Leben angenehmer und fruchtbarer machen. Kurzum, unsere Gärten könnten zu Orten werden, wo unsere Seelen geheilt werden und wo wir eine tiefe Lebensfreude erfahren können. In diesem Sinne möchte ich Sie nun dazu einladen, den Permakultur-Garten zu betreten ...

Graham Bell
Coldstream, Maifeiertag 1993

Was ist ein Garten?

Sonnenlicht,
Drei Ringelblumen
Und eine dunkle, violette Mohnkapsel -
Daraus habe ich eine schöne Welt gemacht

AMY LOWELL (1874 – 1925), »FUGITIVE«

Die bewusste Planung einer Sache kann erst erfolgen, wenn wir uns über ihre Wichtigkeit in unserem Leben klar geworden sind. Bei der Gestaltung des Gartens richten sich viele Menschen nach der jeweiligen Mode und nicht danach, was am besten für sie wäre. Wir können uns einige grundsätzliche Fragen stellen, um sicherzustellen, dass der Garten für uns und nicht gegen uns arbeitet.

Schönheit und Nutzen

Wir alle möchten, dass der eigene Garten schön ist. Welche Sinneseindrücke als angenehm empfunden werden, ist dabei von Mensch zu Mensch völlig verschieden. Und doch kennen wir alle das Gefühl, einen Garten zu betreten und zu spüren, dass wir uns an einem ganz besonderen Ort befinden – und es muss sich dabei nicht unbedingt um unser eigenes Gärtchen handeln! Auf der Grundlage welcher Kriterien entscheiden wir eigentlich, wenn wir der Schönheit ansichtig werden, das dieser ganz bestimmte Garten einen besonderen ästhetischen Reiz aufweist?

Einer bestimmten Lehrmeinung zufolge sollte »alternativ« gleichbedeutend sein mit »nützlich« – als gäbe es für solchen Flitterkram wie »Schönheit« keinen Platz im großen Plan des Lebens. Schönheit ist jedoch auch eine nützliche Eigenschaft. Sie ist, wenn Sie so wollen, Nahrung für die Seele. In einem Garten, dessen Ziel es ist, der Natur nachzueifern, und zwar durch Hervorbringung jener erstaunlichen Üppigkeit, mit der die Wildnis die Sinne erfreut, ist es jedoch gut möglich, dass einige der charakteristischen Züge, die konventionell »schöne« Gärten auszeichnen, fehlen.

Zum einen gibt es da eine übertriebene Obsession mit »Ordentlichkeit«. Wenn Sie den Ideen in diesem Buch folgen, werden Sie wenig Interesse an nackter, gejäteter Erde haben oder am Anblick schnurgerader Reihen in Reih und Glied gesetzter Pflanzen gleicher Größe, die im Stil ewig gleicher Tapetenmuster angeordnet sind. Ordnung entsteht auf der Grundlage viel subtilerer Muster. Mit der Zeit wird sich die fruchtbare und willkürliche Pracht Ihres natürlichen Gartens mit jedem formalen Garten hinsichtlich ihrer Fähigkeit, die Sinne zu erfreuen, messen können.

Dem nachhaltigen Gartenbau geht es um die kontrollierte Wiederholung der Fruchtbarkeit natürlicher Systeme. Schönheit zeigt sich hier in der Pracht der Farben, Formen, Gerüche, Beschaffenheiten, Licht- und Schatteneigenschaften, Höhenunterschiede und sonstigen Kontraste, die das fruchtbare Gewebe der ungehinderten Natur bilden. Jede Pflanze, vom unerwünschtesten Wildkraut bis zum empfindlichsten

Treibhausexoten, ist an sich ästhetisch schön. Die Schönheit eines jeden Aspekts des Permakultur-Gartens liegt in seiner gesunden Entwicklung.

Dies kommt in den Produkten selbst zum Ausdruck, und zwar nicht nur in ihrem Geschmack und unserer Zufriedenheit über eine reiche Nahrungsmittelernte, sondern auch in der Aufmerksamkeit, die wir der attraktiven Gestaltung unserer Mahlzeiten zukommen lassen.

Wir finden etwas schön, wenn es sich so verhält, wie wir es ursprünglich beabsichtigt haben. Es gibt aber auch die Schönheit der unkontrollierten Ereignisse im Garten. Ein unerwartetes Wildkraut kann uns erfreuen, weil es uns etwas über die Vorgänge lehrt, die sich abspielen, wenn die Natur aus eigener Kraft walten darf.

Arbeit und Spiel

Der Hausgarten ist nicht nur Arbeits-, sondern auch Spielgelände. Wir, die erwachsenen Gärtnerinnen und Gärtner, wissen das wohl. In einem Großteil der Gärten spielen auch Kinder. Fast jeden Garten schmücken außerdem mindestens ein Mal pro Woche diverse Wäschestücke, die zum Trocknen aufgehängt worden sind. Ferner nutzen wir den Garten, um dort bei schönem Wetter zu essen, um Fahrräder abzustellen oder zu reparieren, um Abfälle zu sammeln, um Gerümpel, das vielleicht eines Tages nützlich sein könnte, aufzubewahren, um intime Augenblicke mit unseren Geliebten dort zu verbringen, um im Alter zu entspannen oder um irgendeiner anderen Beschäftigung nachzugehen, die sich eventuell nicht mit den Teerosenhybriden und den Staudenrabatten verträgt.

Gestalten und pflegen Sie Ihren Garten als realen Ort und nicht als fiktive Eleganz, wie sie in Fernsehgärten vorgegaukelt wird. Der Anblick einer derartig sorgfältig gepflegten Anlage, an der tage- und wochenlang intensiv herumgeschliffen und -gefeilt wurde, bevor die Kamera eingeschaltet werden darf, kann uns schon Minderwertigkeitsgefühle einreden. Die Wirklichkeit ist aber anders. Am besten sehen wir das alles nicht so eng und nehmen unser Stück Land einfach so wie es ist. Wenn Sie Freude an Ihrem Garten haben, können Sie letztendlich doch gar nicht so verkehrt liegen.

Nahrung

*Menschen geht es ums Essen,
nicht um die Nährstoffaufnahme.*
MAGNUS PYKE,
FOOD & SOCIETY, 1968

Als wir Menschen uns erstmals niederließen, um Boden zu bewirtschaften, war unser allererstes Bedürfnis, etwas Essbares anzubauen. Die früheste Geschichte der Gärtnerei lässt sich nur anhand von Vermutungen rekonstruieren. Man nimmt an, dass sich die Menschen irgendwann von Jägern und Sammlern zu Sesshaften entwickelten, sich der Agrikultur zuwandten und den Boden buchstäblich kultivierten.

Über eine ausreichende Nahrungsmenge von der richtigen Qualität zu verfügen, ist für unsere Gesundheit unabdingbar. Wir sind alle dafür verantwortlich, eine vernünftige Mischung von Nahrungsmitteln zu uns zu nehmen, die unseren Bedürfnissen nach Energie zum Leben, Wachsen und für die Regeneration unseres Körpers und nach befriedigenden und angenehmen Mahlzeiten, gerecht werden. Wir können uns dafür entscheiden, uns gesund zu ernähren; wie wir dies definieren, variiert allerdings von Mensch zu Mensch. Rohe Nacktschnecken, Steckrübenpüree, Grassamen und Löwenzahn in Apfelsaft würden ein ausgewogenes und nahrhaftes Gericht mit einer gesunden Mischung aus Proteinen, Kohlehydraten, Ballaststoffen, Fetten und Vitaminen ergeben; für die meisten Menschen würde sich dieses Gericht jedoch als schwer verdaulich erweisen.

Wir essen – und tun auch vieles andere mehr im Leben – nicht nur mit dem Zweck, Schmerzen (Hunger) zu vermeiden, sondern auch, um Positives und Angenehmes zu erleben.

Wenn wir unsere eigene Nahrung im Garten anbauen, können wir die Mühe und den Lohn einer Ernährung mit Frischem viel besser würdigen. Wir werden uns nicht nur der Köstlichkeit einer Schüssel neuer Kartoffeln bewusst, sondern auch des Wetters selbst, das den Wuchs dieser Kartoffeln beeinflusste, der Art des Bodens, der Sonnenlicht und Wasser in unsere nächste Mahlzeit verwandelte sowie unseres ererbten Platzes als Söhne und Töchter der Erde. Denn wir haben genauso viel Recht auf die Freuden, die der Garten bereithält, wie die wilden Vögel und Insekten, die seine Freiheit auf eine scheinbar so sorgenfreie Art und Weise genießen, und nur zu oft scheinen wir zu glauben, dass wir die Nahrung nur zu ihren Gunsten angebaut hätten.

Der Sinn und Zweck, unsere eigene Nahrung anzubauen, liegt nicht nur darin, unserer körperlichen und seelischen Gesundheit durch die Freude am Genuss der eigenen Erzeugnisse etwas Gutes zu tun.

Wir können ohne jede Schwierigkeit in den nächsten Supermarkt gehen und alles Mögliche von Kiwis über Sternfrüchte und meterlange Bohnen bis hin zu Fleischtomaten aus den Regalen holen – und das

so gut wie an jedem Tag des Jahres. Ich habe schon Tomaten »aus ökologischem Anbau« im Angebot gesehen, als ein halber Meter Schnee lag. Ökologisch? Wie denn, bitteschön? Nicht saisongerechtes Essen ist eine leichtfertige Energieverschwendung, und das nicht nur aufgrund des Transports und des Aufwands, den die Konservierung von Lebensmitteln erfordert, die von der anderen Seite des Globus hergeschafft werden. Es kommt hinzu, dass in vielen Ländern, wo diese zum Export bestimmte Ware produziert wird, der Nahrungsmittelanbau für die vor Ort lebende Bevölkerung als Folge zurückgeht.

Jede Frucht und jedes Gemüse ist Fruchtbarkeit, die dem Boden entnommen wurde. Wenn wir die Pflanzenabfälle nicht dem Boden zurückgeben, von dem die Pflanze ursprünglich kam, machen wir eigentlich einen Teil des weltweiten Erosionssystems aus.

In weiten Teilen Großbritanniens hat der Handel mit regional angebautem und zum regionalen Verbrauch bestimmtem Gemüse immer mehr abgenommen. Während die Verstädterung gutes, landwirtschaftlich nutzbares Land verschlungen hat, gibt es eine halbe Million Hektar Bodenfläche in Form von Hausgärten, die nur darauf warten, ihre volle Produktivität zu entfalten. Ein Teil des Problems war bisher, dass diese Nutzbarmachung nach Schwerarbeit roch und dass der Gemüseanbau den Vorstellungen von einem attraktiven Garten widersprach. Wie wir sehen werden, muss dies nicht so sein.

Es wäre eine Zeitverschwendung, uns wegen der Tatsache, dass wir gelegentlich importierte Lebensmittel verzehren, schuldig zu fühlen, solange wir uns auf eine vermehrte Eigenproduktion zubewegen. Ein Hauptaspekt der nachhaltigen Gartenkultur ist die Produktion von Lebensmitteln für den eigenen Verzehr.

Faser- und Brennstofflieferanten

Einst bauten die Menschen ihre eigenen Kleidungs- und Heizmaterialien an, und innerhalb einer Region war man bezüglich der Faser- und Brennstoffe bis zum Industriezeitalter zu einem viel höheren Grad unabhängig als das heute der Fall ist. Die kleinen Agrargemeinschaften in den Wirtschaftsrandzonen hatten keine überschüssige Energie für eine weitläufige Verschiffung ihrer Waren zur Verfügung. Nur die Reichen konnten sich dies in beträchtlichem Maße leisten.

Jedes Dorf hatte seine eigenen Flachsfelder für die Leinenherstellung. Und das Schaf wurde aufgrund der Vielfältigkeit seiner Erzeugnisse, insbesondere durch den hohen Wert seiner Wolle, zum Wundertier des Mittelalters. Die Menschen mussten sich in der Tat kreative Lösungsmöglichkeiten für den Bedarf an Fasermaterialien zur Herstellung von Kleidungsstücken und anderen Gebrauchsgegenständen wie etwa Seilen einfallen lassen. Hanf- und Flachspollen wurden an zahlreichen archäologischen Stätten aus dem Mittelalter gefunden, was auf deren Gebrauch als Faserpflanzen hinweist. In Schottland benutzte man zum Beispiel Adlerfarn zum Flechten von Seilen und in vielen Ländern bildeten Brennnesseln den allgemeinen Grundstoff für Tuchfasern. Ressourcen, die heute als »Nebenprodukte« angesehen werden, z. B. Baumrinde, galten für bestimmte Zwecke als äußerst wertvoll.

Das Gleiche galt auch für Brennstoffe. In einem Zeitalter, in dem Holzbauten und Möbel in Übereinstimmung mit der Form und Maserung des Baumes angefertigt wurden und man sich noch nicht dem geradlinigen Diktat der mechanischen Kreissäge unterwarf, wäre ein Großteil des Holzes, das heutzutage unbedacht verfeuert wird, für baustofflich wertvoll erachtet worden. Die Beschaffung von Brennholz bestand nicht darin, dass reifes Hartholz mit der Kettensäge zersägt und gespalten wurde; vielmehr gewann man dies durch mühsames Auflesen von Kleinholz und Reisig, das der Wind von den Bäumen geweht hatte. In China, wo man noch für jedes letzte Stückchen Gemüse einen Verwendungszweck fand, wurden Kohlstrünke als Feueranzünder verwendet. Die Vorstellung, ein Feuer im Garten zu machen, um »Gartenabfälle« zu verbrennen, wäre für jene Menschen ein absolutes Unding gewesen.

Im Permakultur-Garten wollen wir uns wieder die Frage stellen, welche dieser Bedürfnisse wir aus eigener Kraft befriedigen können. Das bedeutet nicht, dass wir alle Brennnesselkutten tragen und Wildkrautsuppe essen, die auf der Weißkohlstrunkglut gekocht wurde. Aber wir werden vielleicht feststellen, was wir alles eigentlich gar nicht brauchen, obwohl wir dachten, dass wir es brauchen, und wie viel von dem, was wir tatsächlich brauchen, auf einer kleinen Fläche schnell und einfach zur Verfügung steht. Sparsamkeit kam aus der Mode, als die Zeit der Entbehrungen nach dem Krieg vom »Wirtschaftswunder« abgelöst wurde. Durch die Auswirkungen der letzten Wirtschaftsrezession hat ein Umdenken eingesetzt. Jetzt ist es an der Zeit, sich zu vergegenwärtigen, dass Sparsamkeit eine Kardinaltugend ist, deren praktische Ausübung eine Notwendigkeit (aber auch ein Vergnügen!) sein kann.

Der Permakulturgarten: vorher ...

... und nachher

Gesunder Boden

Große Zivilisationen verfügten fast durchweg über guten Boden als einen ihrer Hauptrohstoffe.

NYLE C. BRADY,
THE NATURE AND PROPERTIES OF SOILS,
5TH EDITION, 1974.

Wer ökologisch anbaut, weiß, dass das Endergebnis eines Wachstumsprozesses die Gesundheit des gesamten Systems widerspiegelt; man könnte von holistischer Gesundheitspflege für den Boden sprechen. Ein gesunder Boden, auf dem eine ausgewogene Ernte wächst, bietet uns weit mehr Möglichkeiten für gute Erträge von hohem Nährwert. Anbaumethoden, die das Bedürfnis nach einem gesund zu erhaltenden System ignorieren, sind Bergbaumethoden. Wir rauben dem Boden die Nährstoffe auf unsere eigene Gefahr.

Die erste Zielsetzung des ressourcenschonenden Gartens ist es also, die Gesundheit des Bodens an sich sicherzustellen. Wenn unsere Gartenarbeit dafür sorgt, dass der Boden nahrhaft und gut strukturiert ist, brauchen wir uns um die Erträge keine Sorgen mehr zu machen. Sie werden das natürliche Produkt eines üppigen Systems sein.

Geht es bei Gartenbausystemen gleich welcher Art um Dauerhaftigkeit, muss der Garten so angelegt werden, dass er sich in höchstem Grade selbst erhält. Es mag jedoch einige Zeit und Energie kosten, ein nachhaltiges System aus einem Garten zu machen, der zuvor mit Chemikalien behandelt wurde oder bei dem das natürliche Leben des Bodens durch eine zu intensive Gemüseproduktion oder durch zwanghaftes Umgraben geschädigt worden ist. Letztlich bleibt der Aufbau lebendigen Bodens immer das Hauptziel.

Gärten für Menschen

Menschen brauchen Gärten und Gärten brauchen Menschen. Der Garten sollte nicht als ein Pflanzenmuseum angelegt sein oder nur als eine am Haus angebrachte Dekoration. Er sollte ein Ort sein, an dem sich Menschen wohl fühlen. Dabei sollte es überhaupt nicht um das »Tun« gehen: Das »Sein« ist genauso wichtig. Wir sind alle oft so beschäftigt, dass man meinen könnte, wir würden nur »Mensch tun«, aber nie »Mensch sein«!

Überlegen Sie sich einmal, wie der Garten gestaltet werden könnte, sodass maximale menschliche Freude erzeugt wird. In Gartenbüchern sind häufig Pflanzen ohne Menschen abgebildet.

Anstatt die perfekten Fotografien des neuesten Garten-Bildbands nachzuahmen, stellen Sie sich vor, dass Ihre Freundinnen, Freunde und Familie Ihren Garten bevölkern und gemeinsam viel Spaß haben. Wie würde der Garten dann aussehen?

Gärtnern ist Therapie. Sie können es zu Hause auf Ihrem eigenen Grund und Boden tun, möglichst so nah wie möglich an der eigenen Hintertür, und es steht in Ihrer Macht. Das heißt nicht, dass alles nach Ihrer Nase laufen wird. Ist das Leben jemals so gewesen? In Übereinstimmung mit den meisten irdischen Aktivitäten wird die Natur immer ein paar Überraschungen für Sie auf Lager haben. Doch letztlich wird man schwerlich behaupten können, dass das Gärtnern eine schädliche Beschäftigung ist; es ist vielmehr eine Möglichkeit, die Verantwortung für die eigenen Bedürfnisse unmittelbar in die Hand zu nehmen.

Ein Garten kann an einem Tag angelegt werden (ja wirklich!). Ein Garten kann mit einem Zeitaufwand von nicht mehr als fünf oder zehn Minuten pro Mal bearbeitet werden. Er kann bewundert werden. Er

Die magische Gartenlaube: Gärten brauchen Menschen.

kann anderen mit Stolz gezeigt werden. Er kann mit anderen geteilt werden. Er kann weitergegeben werden, wenn wir umziehen. Und er ist immer lebendig.

Die Sorge um die Umwelt kann viele angsterregende Bilder erzeugen. Der konstruktive Akt, etwas unbestreitbar Leben-diges zu schaffen, ist eine der positivsten Reaktionen, die uns zur Verfügung stehen. Bloß weil wir uns auf den Trost unseres Gartens rückbesinnen, heißt das nicht, dass wir der Welt den Rücken zuwenden. Weit gefehlt. Die heilende Aktivität der Gartenarbeit befähigt uns viel besser, mit dem Alltagsstress in unserem Leben umzugehen.

Gartenarbeit ist außerdem eine Tätigkeit, die in Kulturen überall auf der Welt von vielen geteilt wird. Das englische Wort *peasant* (Bauer) ist zum Teil mit Vorurteilen über Klassenzugehörigkeit behaftet, während der *paysant* in Frankreich einfach ein Bewohner des Landes *(paysage)* ist, was in einer Nation, die in ihre Küche verliebt ist, ein reiches und fruchtbares Gefühl der Verbundenheit impliziert. Landnutzung in kleinem Maßstab hat dort besser überlebt als in England, wo große kommerzielle landwirtschaftliche Unternehmen alltäglich sind. Das Gärtnern ist jedoch

> *(Dort) ... liegt der weltweite Traum vom glücklichen Garten ... dem irdischen Paradies ... einem Leitungssystem, das die tiefen, unerschöpflichen Quellen der Dichtung im Bewusstsein der Völker anzapft und jenen Lippen Erfrischung bringt, die dies anders nicht gefunden hätten.*
> C. S. LEWIS,
> THE ALLEGORY OF LOVE, 1936

21

eine bäuerliche Lebensart. Aus der Notwendigkeit hervorgegangen, ist es durch liebevolle Arbeit zu einer Meditationsform gewachsen, zu einem gemeinschaftlichen Band und einem jahreszeitlichen Rhythmus, womit die uhrenbetonte Hektik einer von Technokratie angetriebenen globalen Gesellschaft überwunden wird.

Es ist nun einmal eine Tatsache, dass uns das Gärtnern zusammenbringt und die Seele befreit. Grüne Daumen werden nicht von Klassenzugehörigkeit oder Reichtum bestimmt, und die Freude eines Gartens führt die Gräfin wie den Landarbeiter zurück zu ihrer gemeinsamen Menschlichkeit.

Tabelle 1: Nützliche Zierpflanzen

Pflanzen können nützlich sein und schön aussehen.

a) Mehrjährige Pflanzen für die Nahrung von Mensch, Tier und Boden

Bambus	Arundaria spp	M	Essbare Sprossen / Heckenpflanze / bedingt frosthart
Berberitze	Berberis spp	M	Beeren / Heckenpflanze / manche Arten frostempfindlich
Buddleia	Buddleia davidii	M	Schmetterlingsstrauch / friert im Winter oft stark zurück
Gemeines Heidekraut	Calluna vulgaris	M	essbare Blüten / Bienennahrung / frostempfindlich / saurer Boden
Japanische Quitte	Chaenomeles japonica	M	Früchte für Marmeladen / als Kletterpflanze möglich
Weiß- oder Rotdorn	Crataegus spp	M	essbare Knospen / Blüten / Früchte / Heckenpflanze
Besenginster	Cytisus scoparius	M	essbare Blüten / Bienennahrung / nicht frosthart
Graue Heide	Erica cinerea	M	essbare Blüten / Bienennahrung
Fenchel	Foeniculum vulgare dulce	M	Kraut, alles essbar / Sommer- und Herbstkultur
Hibiskus	Hibiscus spp	M	essbare Blätter / Blüten / Tee / geschützter Standort (Frostschäden)
Geißblatt	Lonicera spp	M	essbare Blüten / Kletterpflanze

Mahonie	Mahonia aquifolium	M	essbare Beeren / Heckenpflanze / frostempfindlich
Rose	Rosa rugosa	M	essbare Früchte / Blüten / Heckenpflanze
Comfrey	Symphytum officinale	M	essbare Blüten / Gründünger
Stechginster	Ulex europaeus	M	essbare Blüten / Stickstoff bindend / Heckenpflanze / friert zurück, kann sich nicht entfalten

Vorsicht: Die Blüten von Spanischem Ginster, Spartium juncium, sind giftig!

b) Zierblattgemüse

Ägypt. Zwiebel	Allium cepa var. viviprium	M	hat oben Mini-Zwiebelchen!
Graumelde	Atriplex hortensis	E	Salat / grünes Gemüse
Gartenmelde	Atriplex hortensis ruba	E	Salat / grünes Gemüse
Mangold	Beta vulgaris cicla	E	Salat / grünes Gemüse
Römischer Brokkoli	Brassica oleracea italia	E	spiralförmige Brokkoliköpfe / Sommerkultur
Gemüsekohl	Brassica oleracea ssp	E	essbar / verwildert auf Helgoland
Krause Endivie	Endivia riccia	E	Salat / schöne Blüten
Große Gänseblume	Leucanthemum vulgare	M	junge Blätter und Blüten essbar
Gartenlattich	Lactuca sativa	E	Salat
Petersilie	Petroselinum crispum	Z	Salat / Kraut
Große Kapuzinerkresse	Tropaeolum majus	Z	Salat / Samen als Kapern

c) Essbare Blüten

Schnittlauch	Allium spp	M	Salat
Malve	Althea rosea	M	Salat
Gewöhnliche Ochsenzunge	Anchusa officinalis	Z	Salat / Staude
Dill	Anethum graveolens	E	Salat
Gänseblümchen	Bellis perennis	M	Salat
Borretsch	Borago officinalis	E	Salat / als Bratlinge oder in Fruchtbowle

Senf etc.	Brassica spp	E	Salat / Wok-Gerichte
Ringelblume	Calendula officinalis	E	Salat
Chicorée	Chicorium intybus	M	Salat / Sommer- und Winterkultur
Essbare Chrysantheme	Chrysanthemum coronarium	E	Salat / Wok-Gerichte
Gartennelken	Dianthus spp	Z	Salat
Echtes Mädesüß	Filipendula ulmaria	M	Salat
Echtes Labkraut	Galium verum	M	Labersatz / Sommergetränk
Gladiole	Gladiolus spp	M	Salat
Taglilie	Hemerocallis spp	M	Salat
Jasmin	Jasminum spp	M	Salat
Weiße Taubnessel	Lamium album	M	Salat
Rote Taubnessel	Lamium purpureum	M	Salat
Lavendel	Lavendula spp	M	Salat
Holzapfel	Malus malus	M	Salat / Bratlinge
Wilde Malve	Malva sylvestris	M	Salat
Majoran	Marjorana hortensis	M	Salat
Kamille	Matricaria chamomilla	[	Salat / Tee
Gartenmelisse	Melissa officinalis	M	Salat / Tee
Bienenbalsam	Monarda didyma	M	Salat
Passionsblume	Passiflora caerulea	M	Salat
Pelargonie	Pelargonium spp	M/E	Salat
Pestwurz	Petasites officinalis	M	in Butter braten
Petunie	Petunia hybrida	M	Salat
Schlüsselblume	Primula veris	M	Salat / Wein
Erd-Schlüsselblume	Primula vulgaris	M	Salat
Rose	Rosa spp	M	Salat / Tee
Rosmarin	Rosmarinus spp	M	Salat
Muskatellersalbei	Salvia sclarea	E	Salat
Drachenmaul	Salvia horminum	E	Salat
Echter Salbei	Salvia officinalis	M	Salat / Tee
Schwarze Holunderblüte	Sambucus nigra	M	Bratlinge / Wein
Gartenschwarzwurzel	Scorzonera hispanica	M	Salat
Gelbdolde	Smyrnium perfoliatum	M	Salat

Goldrute	Solidago spp	M	Salat / Tee
Flieder	Syringa vulgaris	M	Salat
Löwenzahn	Taraxacum officinale	M	Salat / Wein
Thymian	Thymus spp	M	Salat
Linde	Tilia europaea	M	Tee
Haferwurz	Tragopogon porrifolius	Z	Salat
Große Kapuzinerkresse	Tropaeolum majus	E	Salat
Wiesenklee	Trifolium pratense	M	Salat
Gemeiner Huflattich	Tussilago farfara	M	Wein
Königskerze	Verbascum spp	M	Salat
Veronika	Veronica spp	M	als Tee aufzubrühen
Märzveilchen	Viola odorata	M	Salat
Veilchen	Viola wittrockiana	M	Salat
Stiefmütterchen	Viola tricolor	M	Salat

Tabelle 2: Essbare Pflanzen

Eine große Palette von Gemüsepflanzen kann in der gemäßigten Klimazone angebaut werden. Die folgende Auswahl umfasst geeignete Arten:

Speisezwiebel	Allium cepa	E
Winterzwiebel	Allium fistulosum	M
Lauch	Allium porrum	E
Knoblauch	Allium sativum	E
Schnittlauch	Allium schoenoprasum	E
Angelika	Angelica archangelica	Z
Echter Kerbel	Anthriscus cerefolium	E
Sellerie	Apium graveolens var dulce	E
Knollensellerie	Apium graveolens var rapaceum	E
Spargel	Asparagus officinale	M
Echter Hafer	Avena sativa	E
Rote Bete	Beta vulgaris	E
Rippenmangold	Beta vulgaris var flavescens	E
Gemeine Rübe	Beta vulgaris var vulgaris	M
Senf	Brassica alba	E
Pak Choi	Brassica campestris var chinensis	E
Kohlrübe	Brassica napus var napo brassica	E
Herbstrübe	Brassica campestris var rapa	E

Rübsen	Brassica campestris ssp	E
Kohlrabi	Brassica oleracea convar acephala var gongulodes	E
Grünkohl	Brassica oleracea convar acephala var sabellica	E
Blumenkohl	Brassica oleracea convar botrytis var botrytis	E
Brokkoli	Brassica oleracea convar botrytis var italica	E
Weißkohl	Brassica oleracea convar capitata var alba	E
Rotkohl	Brassica oleracea convar capitata var rubra	E
Wirsing	Brassica oleracea convar capitata var sabauda	E
Rosenkohl	Brassica oleracea gemmifera	E
Ringelblume	Calendula officinalis	E
Paprika	Capsicum annum	E
Endivie	Cichorium endivia	E
Chicorée	Cichorium intybus var foliosum	E
Winter-Portulak	Claytonia perfoliata	E
Koriander	Coriandrum sativum	E
Salatgurke	Cucumis sativus	E
Riesenkürbis	Cucurbita maxima	E
Moschuskürbis	Cucurbita moschata	E
Zucchini	Cucurbita pepo	E
Cardy (frostempfindlich)	Cynara cardunculus	M
Artischocke	Cynara scolymus	M
Möhre	Daucus carota	E
Gartenrauke	Eruca sativa	M
Buchweizen	Fagopyrum spp	E
Fenchel	Foeniculum vulgare var azoricum	M
Topinambur	Helianthus tuberosus	M
Gerste	Hordeum distichon	E
Gartenlattich / Spargelsalat	Lactuca sativa var angustana	E
Kopfsalat	Lactuca sativa var capitata	E
Eichblattsalat	Lactuca sativa var capitata	E
Eissalat	Lactuca sativa var capitata	E
Krauser Gartensalat	Lactuca sativa var crispa	E
Pflücksalat	Lactuca sativa var longifolia	E
Gartenkresse	Lepidium sativum	E
Liebstöckel	Levisticum officinale	M
Tomate	Lycopersicon esculenta	E

Luzerne	Medicago sativa	M
Pastinak	Pastinaca sativa	E
Petersilie	Petroselinum crispum spp	M
Wurzelpetersilie	Petroselinum crispum spp tuberosum	M
Feuerbohne	Phaseolus coccineus	E
Gartenbohne	Phaseolus vulgaris	E
Erbse	Pisum sativum spp	E
Portulak	Portulaca oleracea	E
Gartenrettich	Raphanus sativa var niger	E
Radieschen	Raphanus sativa var sativa	E
Rhabarber	Rheum rhabarbarum	M
Schwarzwurzel	Scorzonera hispanica	E
Roggen	Secale cereale	E
Aubergine (nicht frosthart)	Solanum melengena	E
Kartoffel	Solanum tuberosum	E
Spinat	Spinacea oleracea	E
Löwenzahn	Taraxacum officinale	M
Neuseeländischer Spinat	Tetragonia tetragonioides	M
Große Kapuzinerkresse	Tropaeolum majus	E
Brotweizen	Triticum aestivum	E
Rauweizen	Triticum turgidum	E
Feldsalat	Valeriana locusta	E
Saubohne	Vicia faba	E

Tabelle 3: Einige Faserpflanzen

Faserpflanzen, die sich für die gemäßigte Klimazone eignen:

Bambus	Arundaria spp etc.	M
Hanf	Cannabis sativa	M
Flatterbinse	Juncus effusus	M
Flachs	Linum usitatissimum	E
Neuseeländischer Flachs	Phormium tenax	E/M
Adlerfarn	Pteridium aquilinum	M
Weizenstroh	Triticum spp	E
Schilf	Typha spp etc.	M
Große Brennnessel	Urtica dioica	M
Yucca	Yucca spp	M

Die Planung des Gartens

Die Himmel selbst, Planeten und dies Zentrum,
Reihn sich nach Abstand, Rang und Würdigkeit,
Beziehung, Jahreszeit, Form, Verhältnis, Raum,
Amt und Gewohnheit in der Ordnung Folge.

WILLIAM SHAKESPEARE (1564 – 1616) TROILUS & CRESSIDA

Der Permakultur-Garten orientiert sich an der Natur. In der Natur bilden multi-dimensionale Muster die Grundlage; es ist kein Zufall, dass Flüsse in Kurven fließen oder dass die Honigwaben der Bienen sechseckig sind. Bei der Beobachtung der Natur zeigt sich, dass stabile und dauerhafte Systeme mit Hilfe von Mustern aufgebaut werden können.

Flächen und Ränder

Beginnen wir, indem wir uns den Garten wie auf einer Landkarte als flaches, zweidimensionales Stück Land vorstellen. Hier wird deutlich, warum die Natur von der Schaffung mosaikartiger Bausteine profitiert. Man denke sich einen Gartenteich, dessen Gesamtfläche etwa zehn Quadratmeter beträgt und der eine runde Form hat. Wie lang wird wohl der Rand des Teichs sein? Ich schätze, ungefähr zehn Meter. Schauen Sie sich nun die Teichentwürfe auf der nächsten Seite an. Jeder Teich hat dieselbe Gesamtoberfläche, die Randlänge variiert jedoch erheblich von Teich zu Teich.

Stellen wir uns als weiteres Beispiel ein Puzzle vor, dessen Steine vollkommen quadratisch sind. Ein derartiges Puzzle besitzt keinerlei Stabilität und würde sofort auseinander fallen. Ein echtes Puzzle hält nur aufgrund seiner ausgeprägten Randlänge.

Bei der Planung des Gartens müssen wir diese Idee auf die zeitlichen und örtlichen Gegebenheiten übertragen. Die Ökologie ist die Lehre vom Zusammenleben der verschiedenen Arten, aus denen die gesamte Natur zusammengesetzt ist. Dabei wird betont, dass nichts isoliert existiert – wir gedeihen alle durch die gegenseitige Abhängigkeit, die zwischen uns und unseren Nächsten besteht. Die ertragreichsten Orte in der Natur sind dort, wo verschiedene Ökotope aufeinandertreffen, denn hier bieten sich am häufigsten Gelegenheiten zu nutzbringendem Energieaustausch. Am Wald- oder Wiesenrand finden sich daher Arten, die die Sonne lieben, oder Arten, die Schatten suchen, aber auch Arten, die das ganz besondere Klima dieser bestimmten Situation benötigen.

Die Zahl der Arten, die in den Tiefen des Waldes oder in der Mitte einer Wiese gut gedeihen, ist weitaus begrenzter. So ist der Bau eines Dachses viel eher am Waldrand zu finden, da hier maximale Futtermöglichkeiten gegeben sind und die Unterschlupfvielfalt mehr Sicherheit verspricht. Auch im Garten gedeihen weitaus mehr Pflanzen, wenn mehr Randfläche vorhanden ist.

Es lohnt sich, so viel Randfläche wie möglich einzuplanen, da mehr Nutzen aus

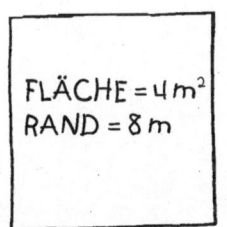

FLÄCHE = 4 m²
RAND = 8 m

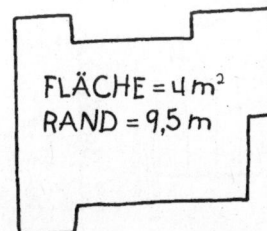

FLÄCHE = 4 m²
RAND = 9,5 m

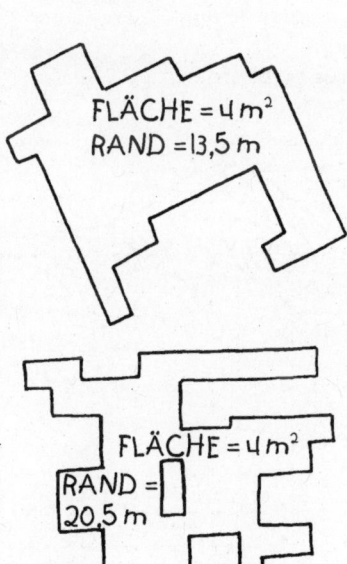

FLÄCHE = 4 m²
RAND = 13,5 m

FLÄCHE = 4 m²
RAND =
20,5 m

Wie man aus einem Teich gleich bleibender
Größe möglichst viel Rand herausholt

derselben Fläche gezogen werden kann. Nichts geht verloren und doch wird mehr Ertrag erzielt. Das spielt nirgendwo eine größere Rolle als auf einem begrenzten Gartengrundstück.

Ein Garten, in dem alles geradlinig verläuft, hat etwas Totes an sich. Das fließende Zusammenspiel von gewellten und gebuchteten Gärten jedoch bietet zahlreiche Variationsmöglichkeiten in Bezug auf Licht und Schatten, Windwiderstand, Privatsphäre und Atmosphäre und folglich auch in Bezug auf die Ertragsvielfalt, ganz gleich, ob es dabei um Nahrung für den Körper oder für die Seele geht.

Der vertikale Raum

Pläne und Landkarten sind hervorragende Hilfsmittel für das Verständnis von räumlichen Gegebenheiten, aber sie haben auch ihre Grenzen. Indem Symbole und Markierungen zur Darstellung von Höhenlinien eingesetzt werden, kann dreidimensionaler Raum besser veranschaulicht werden; dies ist allerdings noch immer weit entfernt von der Fülle an Möglichkeiten, die bei der Arbeit mit dem echten Land entstehen. Ein auf Papier gezeichneter Plan ist jedoch kein schlechter Anfang für die Planung des Gartens. Immerhin ist es billiger, wenn die größeren Schnitzer bei der Planung passieren und nicht bei der Realisierung! Auch der Sandkasten bietet sich während der Planungsphase für die Gartengestaltung an, da hier eine viel naturgetreuere Landschaftsabbildung ermöglicht wird, was auch für das Arbeiten mit Ton oder Plastilin gilt. Wenn Sie sich mit Computern auskennen, können Sie sich natürlich mit spezieller Gartengestaltungssoftware behelfen, oder vielleicht könnten Sie sogar selbst ein Programm schreiben? Was die

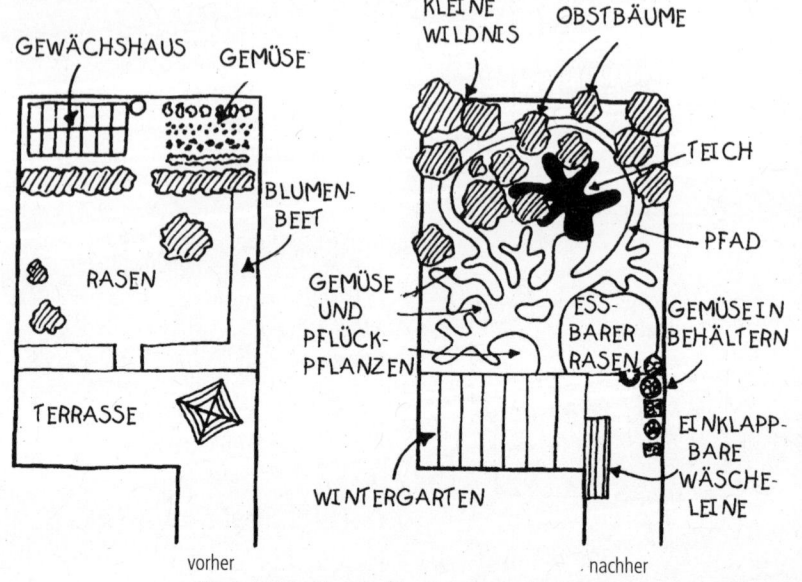

Das vorher gerade und eckige Gartendesign hat einem
abenteuerlicheren und ertragreicheren Garten Platz gemacht.

Pflanzen betrifft, sollten wir uns merken,
dass alles, was wir anbauen wollen, drei-
dimensional und nicht zweidimensional
wächst. Dabei ist der nicht sichtbare Teil
unter der Erde genauso wichtig wie der
sichtbare Teil über der Erde.

Es ist hilfreich, wenn wir erkennen, dass
sich die Lebensvorgänge der Pflanze auf
verschiedenen Ebenen abspielen. Wurzeln
haben bei fast allen Pflanzen eine bedeutende Funktion hinsichtlich der Verankerung
im Boden und der Nahrungsaufnahme. Bei
manchen Feldfrüchten, wie Petersilien-
wurzeln oder Radieschen, wird gerade der
Teil, der sich in der Erde befindet, als der
hauptsächliche Ertrag angesehen. Andere
Pflanzen wie Fetthenne oder Veronika
breiten sich hauptsächlich am Boden aus
und decken diesen dabei ab. Oberhalb davon befinden sich die niedrigen krautigen
Pflanzen wie Minze oder Blattsalat. Diese

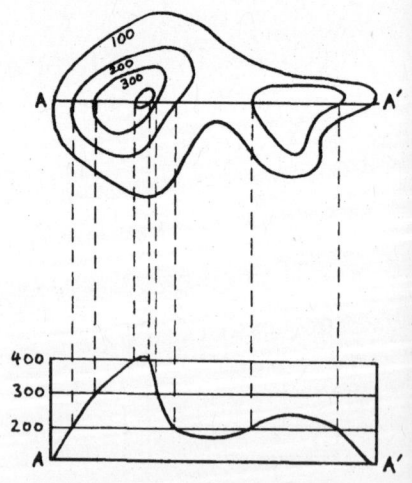

Höhenlinien auf einer Karte sind eine
zu Papier gebrachte Übersetzung
dreidimensionalen Raums.

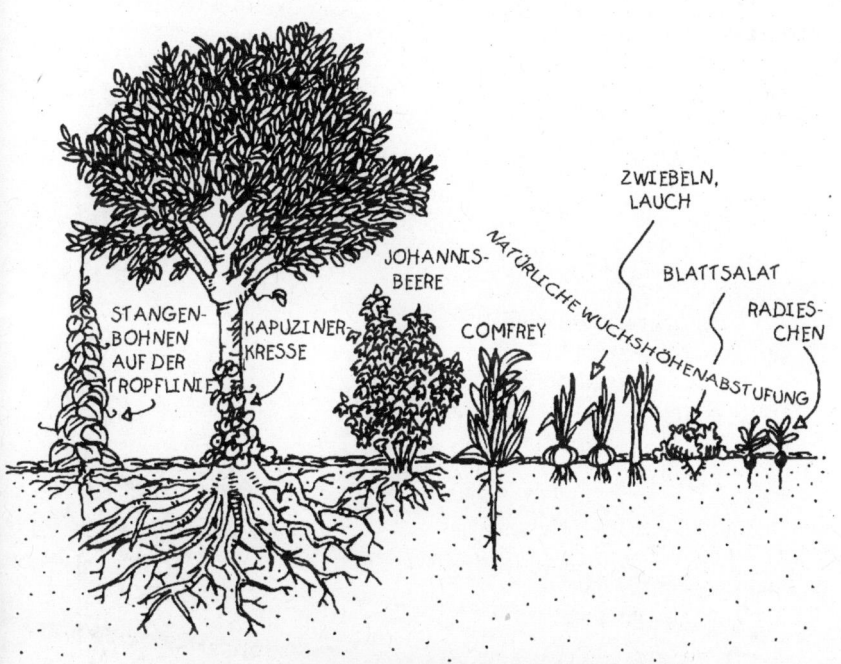

STANGEN-
BOHNEN
AUF DER
TROPFLINIE

KAPUZINER-
KRESSE

JOHANNIS-
BEERE

COMFREY

NATÜRLICHE WUCHSHÖHENABSTUFUNG

ZWIEBELN,
LAUCH

BLATTSALAT

RADIES-
CHEN

Hier bildet der Obstbaum den Mittelpunkt einer kleinen Gemeinschaft
von miteinander in Beziehung stehenden Pflanzen, wobei jede vertikale
Ebene des Gartens als Ertragsraum genutzt wird. Die sorgfältige Auswahl
der Arten sorgt für den gegenseitigen Nutzen.

werden wiederum von der Strauchschicht, zu der Johannisbeere oder Jasmin gehören, überschattet. Etwas weiter höher finden wir kleine Bäume, die in der Wildnis als Pionier- oder Randpflanzen des Waldes gelten. Dazu gehören u. a. Holunder und Haselnuss. Die am höchsten wachsenden Bäume des Waldes wie Eichen, Kiefern und Eschen bilden die oberste Vegetationsschicht.

Man kann bewusst einen Garten entwerfen, der vom Bodenbereich bis zum höchsten Baum in Etagen aufgebaut ist und es allen Pflanzen ermöglicht, Licht und Nährstoffe gleichermaßen zu erhalten und miteinander zu teilen. Hochwachsende Bäume können dabei als Gerüst für Kletter-pflanzen und als erhöhte Wuchsflächen für Moose, Farne, Pilze und alle anderen Pflanzen, die keine direkte Verbindung zum Boden benötigen, genutzt werden.

Ein gutes Beispiel dafür, wie vertikaler Raum der Ertragssteigerung dienen kann, ist die Tatsache, dass ein ausgewachsener Laubbaum über eine Gesamtblattoberfläche von ungefähr anderthalb Hektar verfügt. Dreihundert Bäume dieser Art haben auf einem Hektar Land Platz, was eine Grünfläche von vierhundert Hektar pro Hektar Land ergibt. Mit einem Mal erscheint uns die Erde gar nicht mehr flach.

Wenn man den vertikalen Raum mit einbezieht, kann dem winzigsten Garten etwas Magisches verliehen werden.

31

Ausdehnung nach oben

Jede der folgenden Möglichkeiten zur Schaffung oder Nutzung vertikalen Raums hat eine Reihe von Vorzügen:

○ Bäume
○ Spaliere
○ Hütten oder Lauben
○ Zäune oder Mauern
○ Gewächshäuser und Polytunnel
○ das Haus selbst
○ Stangen (z. B. Telegrafenmäste, Wäschestangen)
○ Hecken
○ Abwasserrohre

Der sich hieraus ergebende Nutzen ist insbesondere deshalb so groß, da jeder der aufgeführten Punkte mindestens einen der folgenden Vorteile aufweist:

○ ist selbst ein Lebewesen,
○ wirft Laub ab und produziert daher Nahrung für den Garten,
○ spendet Schatten,
○ bietet Stützen für Sitzgelegenheiten oder Baumhäuser,
○ begünstigt das Wachstum von Kletterpflanzen,
○ ermöglicht einen Platz für Tiere (z. B. Nistkästen für Vögel oder Fledermäuse),
○ speichert Sonnenlicht und Wärme,
○ stellt ein Mikroklima dar (z. B. trockene oder nasse Stellen),
○ schafft Privatsphäre,
○ fungiert als Windschutz,
○ ermöglicht vertikalen Raum für Hänge- oder Balkonkästenpflanzen.

Wenn Sie beispielsweise eine Hecke pflanzen wollen, sollten Sie sich nicht für die schnell wachsenden Lebensbäume

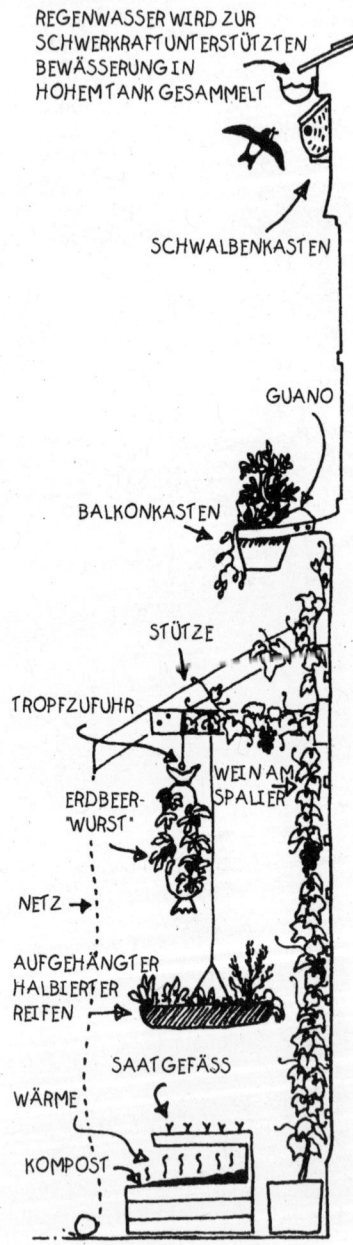

REGENWASSER WIRD ZUR SCHWERKRAFT UNTERSTÜTZTEN BEWÄSSERUNG IN HOHEM TANK GESAMMELT

SCHWALBENKASTEN

GUANO

BALKONKASTEN

STÜTZE

TROPFZUFUHR

WEIN AM SPALIER

ERDBEER- "WURST"

NETZ →

AUFGEHÄNGTER HALBIERTER REIFEN →

SAATGEFÄSS

WÄRME

KOMPOST

Kreative Nutzung des vertikalen Raums

oder Scheinzypressen entscheiden. Diese Pflanzen wachsen sicherlich sehr rasant, und nach zwei Jahren können Sie bereits (sofern Sie dies wünschen) auf dem Rasen hinter dem Haus den Hexensabbat feiern, ohne dass Ihre Nachbarn den leisesten Verdacht schöpfen. Aber: Es sind sehr hungrige Pflanzen, neben denen nichts anderes mehr wächst. Sie legen den halben Garten in Schatten und wachsen wie verrückt weiter, selbst wenn sie die Zweimetermarke, die Sie ursprünglich anvisierten, längst erreicht haben (sowohl beim Anpflanzen von Bäumen als auch von Sträuchern sollte immer die Größe der ausgewachsenen Pflanze in Betracht gezogen werden). Außerdem ist der Ertrag dieser Pflanzen nicht sonderlich hoch. Warum also nicht eine Hecke aus Obstbäumen anpflanzen und sich sowohl an Blüten als auch an Äpfeln erfreuen?

Schauen Sie ganz genau, welche vertikalen Möglichkeiten Ihr Garten haben könnte. Die wenigsten von uns haben so große Landgüter, dass sie nicht für ein bisschen mehr Platz dankbar wären.

Die Dimension Zeit

Viele Gärten liegen im Winter brach. Wenn braune, gepflügte Erde vier Monate des Jahres das Bild des Gartens beherrscht, ist das weder ästhetisch schön noch produktiv. Ja, es ist sogar kontraproduktiv, denn der Boden leidet während der gesamten Brache regelrecht Hunger.

Im Grunde gibt es so etwas wie eine »Wachstumsperiode« nicht, es sei denn, sie ist 365 Tage lang. Die Lebensprozesse der Pflanze sind das ganze Jahr über aktiv, auch wenn man gerade nichts »wachsen« sieht. Das Geheimnis eines erfolgreichen Wachstums ist die Einplanung einer Frucht-folge, deren Ablauf alle Jahreszeiten mit einbezieht. Der Boden sollte ganzjährig genutzt werden: Nach Zwiebelgewächsen sind Sommerfrüchte an der Reihe und auf diese folgt Gründünger für den Winter. Ein im Sommer schattiger Bereich ist im Winter und im Frühling vielleicht besonders hell. Man muss auch nicht immer warten, bis eine Pflanze geräumt ist, bevor man die nächste pflanzt (»untersäen«). Darüber hinaus ist es nötig, langfristig über mehrere Jahre hinweg zu planen, damit in der untersten Etage Platz entsteht, sobald Bäume und Sträucher an Größe und Breite zunehmen. Versuchen Sie, den Garten so zu gestalten, dass er das ganze Jahr über sowohl den Magen als auch die Sinne erfreut. Hier sind einige Beispiele, wie Sie dies erreichen können:

Herbst

○ Obst- und Nussbäume (Äpfel, Birnen, Walnüsse, Haselnüsse, späte Himbeeren)
○ Bäume und Sträucher mit buntem Laubwerk (Ahorn, Ginkgo, Steinobstbäume, Eberesche oder Mehlbeere, Amberbaum)
○ Herbstblüher (Lichtblume, Alpenveilchen)
○ Gemüse (Spanische Artischocke, Winterkohl, Rote Bete)

Der Herbst ist auch die Zeit, in der Wintergemüse wie Ackerbohnen oder Gründünger wie Lolch, Wicken und Senf als letzte Bodenbedecker gepflanzt werden sollten.

Winter

○ winterharte Blattpflanzen
○ winterhartes Gemüse (Kerbel, Winterblattgemüse, Feldsalat, Winterradieschen, Spinat)

○ Kohl
○ Bäume und Sträucher, die eine attraktive Winterborke haben (Hartriegel, Steinobstbäume, Birken) oder die auch im Winter Früchte tragen (Cotoneaster, Eschen)
○ sehr früh blühende Zwiebelgewächse und Winterblumen (Schneeglöckchen, Nieswurz)

Für den Garten in den gemäßigten Klimazonen der nördlichen Hemisphäre ist Februar der magerste Monat des Jahres. Einen ertragreichen Garten auch für diese Jahreszeit zu entwerfen, ist daher eine besondere Herausforderung.

Frühling
○ Zwiebelblumen (Krokus, Sternhyazinthe, wilder Knoblauch)
○ Frühlingsblüher (Forsythie, Lungenkraut, Anemone)
○ Frühgemüse (Strandkohl, Chicorée)

Sommer
Jetzt herrscht eine wahre Wachstumspracht. Es lohnt sich also, den Sommergarten so zu planen, dass möglichst wenig Arbeit anfällt. Mit einzuplanen sind viele mehrjährige und selbst säende Pflanzen sowie eine ständige Bodenbedeckung zur Reduzierung der Wildkrautbekämpfung und zur Verminderung der Verdunstung (und damit auch des künstlichen Bewässerns). Wenn Sie nur beschränkt Platz haben, versuchen Sie es einmal mit dem Anbau von Pflanzen, die etwas teurer oder nur schwer erhältlich sind, die Ihnen aber sehr gefallen, anstatt sich für die einfachste Lösung zu entscheiden.

Wichtig ist auch, dass wir uns der Veränderungen, die während eines einzigen Tages zu beobachten sind, bewusst werden.

Manche Pflanzen mögen zum Beispiel die Morgensonne ganz besonders (Taglilien und Sonnenblumen), andere dagegen müssen vor der Morgensonne geschützt werden. Eine sehr starke morgendliche Sonneneinstrahlung kann für die während des Frosts stattfindende Birnenblüte verheerend sein, während die Blüten bei langsamer Raureifschmelze keinen Schaden nehmen. Es muss auch Orte im Garten geben, die vor der heißen Mittagssonne geschützt sind, insbesondere wenn Kleinkinder dort ihre Spielecke haben.

Adäquate Platzierung bedeutet, dass wir mit der Natur und nicht gegen sie arbeiten. Wenn in einer bestimmten Ecke des Gartens länger Frost herrscht als in einer anderen Ecke, dann setzt man dort am besten härtere Pflanzen, oder man sorgt dafür, dass ein Loch in der angrenzenden Wand bzw. im Zaun ist, damit der Frost dort nach unten abziehen kann. Es ist gut möglich, dass unsere Kenntnis derartiger Details von Jahr zu Jahr zunimmt. Deshalb sollten wir in unserer Gartenplanung so flexibel sein, dass vermehrtes Wissen auch später noch eingebracht werden kann.

Alles hängt zusammen

Unsere Beurteilungen bei der kontrollierten Bewirtschaftung des Gartenraums sind genauer, wenn wir uns dessen bewusst sind, dass alle Elemente des Gartens zusammenarbeiten.

Dieses Wissensgebiet, insbesondere der damit verbundene Gedanke, Pflanzen nebeneinanderzusetzen, die gut miteinander harmonieren, ist in den letzten Jahren sehr in Mode gekommen. So hieß es lange, dass Wermut *(Artemisia spp)* Kohlweißlinge vertreibt und daher für den Kohlanbau sehr nützlich ist. Dabei wurde allerdings nicht bedacht, dass Wermut einen Wachstumshemmer ausströmt, der den Ertrag des benachbarten Kohls einschränkt.

Man sollte deshalb eine gesunde Skepsis gegenüber solchen Volksweisheiten an den Tag legen und die eigenen Erfahrungen bei der Beurteilung mit einfließen lassen. Nachdem ich gelesen hatte, dass Buchweizen die Schwebfliege, eine gefräßige Blattlausvertilgerin, anlockt, bemühte ich mich um die Schädlingsbekämpfung in meinem Garten. Bald stellte ich jedoch fest, dass Spinat und Doldenblütler sehr viel besser dafür eingesetzt werden können.

Die Familie der Doldenblütler, zu deren nützlichen Mitgliedern Angelika, Liebstöckel und Petersilienwurzel zu zählen sind, haben lange Blüten, und ich neige zu der Annahme, dass kleine, langwüchsige Blumen ein attraktives Ziel für die fleißige Schwebfliege sind, die dann für einen ausgeglichenen Insektenbestand im Garten sorgt. Nun kann ich getrost einen Teil des Gemüses bis zur Samenreife stehen lassen und die Schönheit vieler dieser Pflanzen auch noch am Ende der jeweiligen Saison bewundern.

Beziehungen und Verbindungen lassen sich in zeitlichen und örtlichen Gegebenheiten, aber auch zwischen der Pflanzen-, der Insekten- und der Tierwelt erkennen. Es scheint auf der Hand zu liegen, dass kein lebender Organismus isoliert existieren kann, und dennoch lassen viele Gärtnerinnen und Gärtner die Tatsache außer Acht, die sich daraus ergibt, dass man die einzelnen Elemente des Gartens optimal platzieren kann, um eine gegenseitige positive Beeinflussung sicherzustellen. Hühner und Enten sind zum Beispiel hervorragende Wildkraut- und Schädlingsbekämpfer; Bohnenstangen sind eigentlich überflüssig, denn man kann Bohnen genauso gut einen Baum hochwachsen lassen; Obstbäume bleiben ohne Frucht, wenn man nicht auch Bestäuber hat – eine Tatsache, die viele Gartencenter beim Verkauf von Obstbäumen verschweigen – usw.; die Liste ließe sich noch lange fortsetzen.

Als Richtlinie gilt: Es sollte immer möglich sein, dass jedes Element in unserem Garten mindestens fünf verschiedene Nutzungsmöglichkeiten aufweist. Am Anfang reicht es auch, wenn man drei aufzählen kann. Die Hecke ist ein einfaches

Tabelle 4: Pflanzen, die Nützlinge anziehen

Damit der maximale Nutzen erreicht wird, muss den Pflanzen sowohl Blüten- als auch Samenproduktion möglich sein:

Knoblauchhederich	Alliaria petiolara	Z	Staude / Aurorafalter
Borretsch	Botago officinalis	E	Bienen
Schmetterlingsstrauch	Buddleia davidii	M	friert im Winter oft zurück / Schmetterlinge
Buchweizen	Fagopyrum esculentum	E	Bienen / Schwebfliegen
Melisse	Melissa officinalis	M	Bienen
Abbisskraut	Succisa pratensis	M	Bienen
Doldenblütler	Umbelliferae	E/Z/M	Schwebfliegen
Nesseln	Urtica dioica	M	Raupenfutter

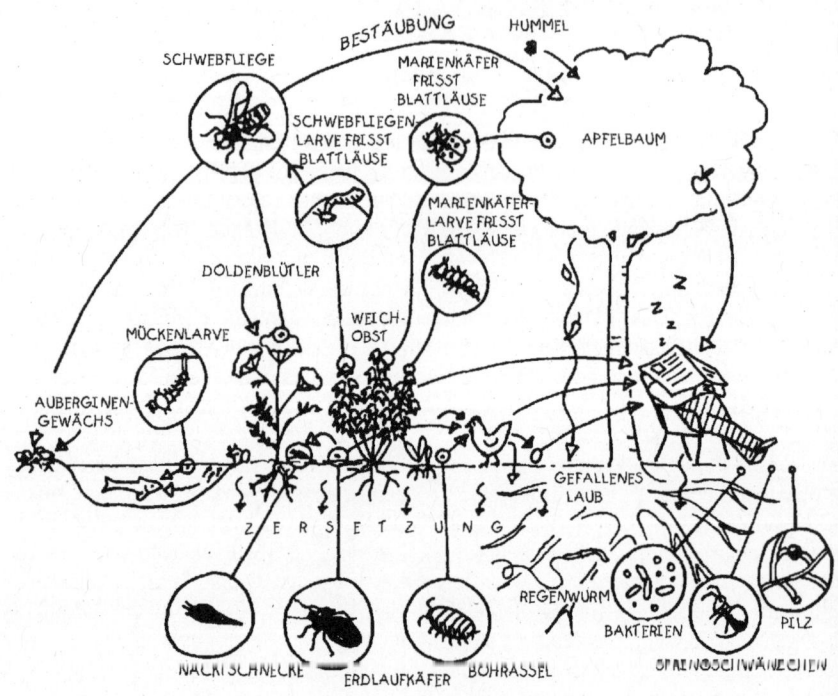

BESTÄUBUNG — HUMMEL
SCHWEBFLIEGE
MARIENKÄFER
FRISST
BLATTLÄUSE
SCHWEBFLIEGEN-
LARVE FRISST
BLATTLÄUSE
APFELBAUM
MARIENKÄFER-
LARVE FRISST
BLATTLÄUSE
DOLDENBLÜTLER
WEICH-
OBST
MÜCKENLARVE
AUBERGINEN-
GEWÄCHS
GEFALLENES
LAUB
Z E R S E T Z U N G
REGENWURM
BAKTERIEN
PILZ
NACKTSCHNECKE
ERDLAUFKÄFER
BOHRASSEL
SPRINGSCHWÄNZCHEN

Das Lebensgeflecht im Garten

Beispiel: Sie kann Früchte tragen, als Windschutz dienen, Feuerholz liefern, Schatten spenden, die Sonne speichern, ein Lebensraum für wilde Fauna sein, das Eindringen oder Fortlaufen von Tier und Mensch verhindern und vor fremden Blicken schützen. Wenn man sich im ganzen Garten an dieses Prinzip hält, entsteht eine Vernetzung des Lebens, die sowohl für ein hohes Maß an Stabilität als auch für hohe Erträge sorgt.

Mit der Natur arbeiten

In Vororten kann man eine biologisch vielfältige Mischung aus fremdländischen und einheimischen Pflanzen und Tieren antreffen, eine Vielfalt, welche die bleibende ökologische Lebendigkeit der Vororte und die Freude ihrer Einwohner sicherstellt.

ROBERT KOURIK,
EDIBLE LANDSCAPING, 1986

Um einen dauerhaften Garten anzulegen, ist es also wichtig, Systeme aufzubauen, die funktionieren, weil sie auf Beobachtungen der Natur basieren, mit anderen Worten: Wir müssen uns dem natürlichen Energiefluss anpassen. »Mit dem arbeiten, was man hat« wäre ein gutes Prinzip für den Anfang. Schauen Sie sich Ihren Garten an und überlegen Sie sich, was sich jetzt damit anfangen lässt. Das mit Schutt überhäufte Grundstück eines Neubaus lässt sich nahezu im Handumdrehen in einen Steingarten verwandeln. Ein verwahrloster Garten voller Wildkräuter sagt sehr viel über die vorliegenden Bodenbedingungen aus. Greifen Sie daher nicht sofort zum nächsten Spaten, um alles unterzugraben!

Manche Pflanzen bevorzugen bestimmte Böden, sodass es sich eher anbietet, die zum Boden passenden Gewächse anzupflanzen, als neuen Boden herbeizuschaffen. Sollte Ihr Boden in einer bestimmten Hinsicht extrem sein (z. B. besonders sauer), suchen Sie sich Pflanzen aus, die bei diesen Gegebenheiten gut gedeihen (Heidelbeeren lieben einen sauren Standort).

Man sollte überhaupt jede Pflanze dorthin setzen, wo sie sich am wohlsten fühlt: Schattenpflanzen an schattige und Sonnenpflanzen an sonnige Stellen.

Dies bedeutet natürlich, dass Sie bei der Auswahl Ihrer Pflanzen sehr eingeschränkt sind, aber das ist unvermeidbar. Dafür erhalten Sie einen gut gedeihenden Garten bei minimalem Arbeitsaufwand.

Aus Nachteilen Vorteile machen

Ob ein bestimmter Sachverhalt für uns ein Problem oder eine Chance darstellt, sagt mehr über unser Denken als über die Situation selbst aus. Anders ausgedrückt wird jeder Nachteil zum Vorteil, wenn man die Perspektive wechselt. Altes Gerümpel kann im Garten fast immer einen neuen praktischen Nutzen erhalten, wenn wir unsere Phantasie einsetzen. Einige Beispiele:

Kartoffeltürme
Man nehme fünf alte Autoreifen gleicher Größe und staple zwei Reifen aufeinander. Diese fülle man mit Kompost aus Küchenabfällen. Das Ganze wird mit einer dünnen Schicht Erde, Grasschnitt oder Stroh bedeckt. Daraufhin werden fünf Kartoffeln hineingesetzt. Während nun die Kartoffeln sprießen und wachsen, wird ein Reifen nach dem anderen aufgelegt und mit Erde oder organischem Abfall gefüllt. Im Herbst braucht man nur noch die Reifen abzunehmen und die Kartoffeln herauszunehmen. Der Inhalt des Turms ist zu nahrhafter, schwarzer Erde geworden. Dieses Rezept funktioniert sogar auf einem betonierten Hinterhof. Wenn man sechs solcher Türme in einem Hexagon aufstellt und das Innere weiß anstreicht, damit Licht reflektiert wird, stellt dies einen hervorragenden Wärmespeicher dar, in dessen Mitte Tomaten angebaut werden können.

Paletten
Aus fünf zusammengebundenen Paletten kann man schnell und einfach eine wunderbare Kompostkiste herstellen. Wenn Sie in Ihrem Hinterhof Platz haben, fügen Sie noch vier weitere Paletten hinzu, sodass Sie eine Doppelkiste zur Wechselkompostierung erhalten. Wenn eine Kiste voll ist, kann man einen Kürbis daraufpflanzen, den man gut nass halten muss. Unter einem alten Stück Plastik, das vielleicht in einer Hofecke herumliegt, haben sich wahrscheinlich Mistwürmer (kleine, dünne, feuerrote Würmer) angesammelt. Die kann man in die Kompostkiste geben, um den Zersetzungsprozess anzukurbeln.

Tonnen
Ein altes Fass kann als Regentonne oder als Behältnis für die Kompostzersetzung

mit Würmern genutzt werden. Wenn man ein Fass horizontal an einem Drehzapfen anbringt, erhält man eine ausgezeichnete rotierende Kompostkiste für eine geruchlose Zersetzung und schnelle Erträge. Fässer eignen sich ferner sehr gut als Spielgeräte, Teiche, Trommeln, Erdbeertürme (mit eingestochenen Seiten), Pilzbeete oder Hühnerställe. Man sollte allerdings sicherstellen, dass vorher keine schädlichen oder giftigen Stoffe in den Fässern aufbewahrt wurden.

Jedesmal, wenn Sie mit einem scheinbar unlösbaren Problem im Garten konfrontiert sind, nehmen Sie sich fünf Minuten Zeit und prüfen Sie, welche vorteilhaften Möglichkeiten sich hinter dem Problem verbergen könnten.

Den Ertrag berechnen

Bei der nachhaltigen Bodennutzung, die unsere einzige Alternative für die Zukunft ist, zählen wir nur den echten Ertrag. Ertrag ist die Summe dessen, was man aus einem System herausbekommt abzüglich dessen, was man hineingesteckt hat. Vierzig Kilo Kartoffeln durch die Arbeit von einem Nachmittag und ohne Einsatz chemischer Zusätze ist ein höherer Ertrag als zweihundert Kilo Kartoffeln von einer gleich großen Fläche, wobei zweifach umgegraben, Unkraut vernichtet, künstlich bewässert und chemischer Dünger zugegeben wurde.

Im chemischen Anbau neigt man dazu, ökologische Anbausysteme wegen »geringer Erträge« schlechtzumachen. Allerdings bezieht man die am Boden angerichteten Schäden bei der Berechnung der Produktionskosten nicht mit ein. Auch die Gesundheitsschäden, die sich daraus ergeben, dass wir all die Chemikalien verdauen müssen,

sind von der Berechnung ausgeschlossen. Der rasante Anstieg an Asthmafällen kann nicht nur eindeutig auf die Luftverschmutzung, sondern auch auf die zunehmende qualitative Verschlechterung der Nahrungsmittel zurückgeführt werden.

Monokulturen führen ebenfalls zu künstlich hohen Ergebnissen, denn der Ertrag wird immer nur für eine Saison berechnet. Die Mischkultur ist langfristig gesehen viel ertragreicher, auch wenn es Jahre dauert, bis dieses Anbausystem so entwickelt ist, dass es sein Optimum erreicht. Einmal dort angekommen, erweist es sich aber als konstant, und Ertrag sowie Boden sind dauerhaft gesund. Produktvielfalt bedeutet eine Verminderung von Gesundheitsrisiken und sichert außerdem die Ernte, falls der Anbau einer bestimmten Art fehlschlägt.

Zusammenfassung

Es lohnt sich, die physikalischen Muster der Natur bei der Planung des Gartens nachzuahmen, weil sie die Energie speichern. Dabei geht es um die einfallsreiche Nutzung von dreidimensionalem Raum, Zeitnischen und guten Beziehungen unter den einzelnen Elementen. Alte Denkgewohnheiten können uns gegenüber einfachen und produktiven Lösungen blind machen, aber kreative Denkmuster können erlernt und zum Nutzen der Menschen, nicht zuletzt der Gärtnerinnen und Gärtner, neu eingesetzt werden.

Was kann ich alles an einem Tag erreichen?

Der Lohn einer gut ausgeführten Arbeit liegt in ihrer Erledigung.

RALPH WALDO EMERSON (1803 – 82)

Ein rasches Erfolgserlebnis ist eine große Ermutigung für alle Gärtnerinnen und Gärtner. Die folgenden Vorschläge sind als Projekte gedacht, die nur einen Tag in Anspruch nehmen und zu schnellen Ergebnissen führen. Sie müssen nicht »vom Fach« sein, um Erfolg zu haben.

Eine gut geplante Aktion ist durch nichts zu ersetzen. Wenn man etwas lernen will, tut man besser daran, es einfach zu probieren, als darüber in Lehrbüchern nachzulesen. Die folgenden Projekte nehmen alle nur einen Tag in Anspruch und sind auch dort durchführbar, wo Werkzeug und Wissen nur in begrenztem Maß vorhanden sind. Zumeist genügen Spaten, Grabegabel, Schaufel und Schubkarren, wobei es sicher nur sehr wenig gibt, was Sie nicht auch mit den bloßen Händen verrichten könnten, wenn Sie das möchten. Wenn man genauer hinsieht, hält jedes Projekt Lehrreiches für die Unerfahrenen, aber auch so manche wissenswerte Neuigkeit für die Fachleute bereit. Mit ein wenig Planung und einer sinnvollen Materialorganisation vorab erhöhen sich natürlich die Chancen für eine erfolgreichere Abwicklung.

Alle hier aufgeführten Anregungen können noch produktivere Resultate bringen und noch mehr Spaß machen, wenn sie gemeinsam mit anderen ausgeführt werden. Zwei bis fünf Leute ist eine gute Zahl. Sie könnten zum Beispiel einen »Stoßtrupp« in der Nachbarschaft gründen und dann abwechselnd die Gärten gegenseitig in Angriff nehmen. Versuchen Sie aber, nicht zu viel auf einmal zu tun. Es macht überhaupt nichts, wenn Sie beim ersten Anlauf nicht gleich den ganzen Garten schaffen. Viel besser ist es, sich nur eine begrenzte Fläche vorzunehmen und dafür dann das befriedigende Gefühl zu haben, mit etwas fertig geworden zu sein.

Behälter auf Beton

Gärten können überall angelegt werden. Mir erzählte einmal eine Frau, dass sie einen Rasen vor ihrem vorübergehenden Zuhause in der Kalahariwüste angelegt hatte, indem sie jeden Morgen bei Sonnenaufgang aufstand und mit einer Pinzette einzelne Grashalme aufspürte. Sie können sich vielleicht nützlichere Betätigungen vorstellen. Der springende Punkt ist jedoch, dass selbst die widrigsten Umstände eine Herausforderung für uns darstellen und deshalb überwunden werden können. Sie können einen attraktiven und produktiven Garten an einem einzigen Tag anlegen – sogar, wenn Sie nur einen kleinen, betonierten Hinterhof zur Verfügung haben.

Für den Zweck dieser Übung stellen wir uns vor, dass wir es mit einem solchen betonierten Hinterhof zu tun haben, der von zwei Meter hohen Mauern begrenzt wird. Nehmen wir an, der Hof ist so breit wie ein kleines Haus (ca. acht Meter), ungefähr genauso lang und von der Küche aus zu erreichen.

Aber egal wie groß der Hinterhof ist, es lassen sich immer viele Möglichkeiten für die Gestaltung eines Gartens finden. Als Erstes benötigen wir Behältnisse, die wir auf den Betonboden stellen können, und als Zweites benötigen wir organisches und mineralisches Füllmaterial für die Behälter.

In Hinterhöfen findet sich oft viel altes Gerümpel, sodass diese Methode auch für diejenigen geeignet ist, die überhaupt kein Geld haben. Wer über die nötigen Mittel verfügt, kann in hübsche, speziell für diese Zwecke angefertigte Ziertöpfe, die vom Holzfass bis zum Terrakottagefäß erhältlich sind, investieren. Wer weniger gut betucht (oder aber einfach sparsam) ist, kann alte Behälter aus Holz, Plastik, Stein oder Ton wiederverwerten. In manchen Fällen genügt sogar Draht oder Glas, aber dann sollte man aufpassen, dass es keine scharfen Kanten gibt, an denen sich jemand verletzten könnte. Auch sollte darauf geachtet werden, dass die Behälter möglichst wenig verunreinigt sind: Einmal gut ausspülen genügt bei den meisten Gefäßen, aber Behälter, in denen Chemikalien, Benzin, Farbe oder Ähnliches aufbewahrt wurde, sind höchstwahrscheinlich unbrauchbar.

Hier nun einige exemplarische Möglichkeiten:

- alte Baumaterialien sind großartig: Schornsteinköpfe, alte, glasierte Abflussrohre, Emailspülbecken und Toilettenschüsseln
- Tonnen (fragen Sie bei Lebensmittelbetrieben in Ihrer Nähe nach wiederverwertbaren Kunststoffbehältern)

- schwere Holzplanken wie Schwellen von Eisenbahngleisen, die so gestapelt werden können, dass eine hohe Beeteinfassung möglich wird
- alte Backsteine (je dekorativer, desto besser)
- Paletten
- Autoreifen
- hohle, verrottete Holzscheiben von alten Baumstämmen
- Drahtkörbe zum Aufhängen
- sehr strapazierfähige Korbflaschen (im Haus sogar noch besser) – aber aufpassen, dass sie innen auch wirklich sauber sind!
- selbst geflochtene Körbe aus Zweigen eines überwuchernden Strauchs

Sie können derartige Behälter über einen längeren Zeitraum sammeln oder selbst anfertigen, oder achten Sie darauf, ob Sie nicht auf dem Sperrmüll in Ihrem Stadtteil etwas entdecken, was für diesen Zweck geeignet ist. In Behältnissen von nur zwei Quadratmetern Gesamtfläche ist genug Platz für den Anbau von so vielen Salatpflanzen und Kräutern, dass zwei Leute den ganzen Sommer davon essen können; Sie brauchen also nicht gleich den ganzen Hof zu bepflanzen.

Nun müssen die Behälter gefüllt werden; dazu benötigen Sie Erde. Sie können auf diese Weise sehr gut lernen, wie gute Erde zusammengesetzt sein muss, denn Ihr Garten wird seine Erde selbst machen! Böden unterscheiden sich erheblich von einem Ort zum anderen, aber immer bestehen sie aus einer Mischung aus Sand, Ton, Schluff und organischen Stoffen zu unterschiedlichen Anteilen. Innerhalb dieser Mischung beherbergt ein lebendiger Boden auch eine große Ansammlung lebender Organismen – von mikroskopisch winzigen Bakterien bis zu Regenwürmern. In einem guten organischen Boden befinden sich pro Hektar etwa zehn Tonnen Lebewesen.

Damit das Wasser gut abfließen kann, bedeckt man die Behälterböden als Erstes mit einer 3 cm dicken Splitterschicht; Bauschutt oder zerbrochenes Geschirr eignen sich hier bestens. Ist Erde auf dem Grundstück vorhanden, kann einer der Behälter damit gefüllt werden. Zugleich ist es ratsam, mit dem Sammeln von organischen Küchenabfällen zu beginnen. Gemüseabfälle sind ideal, während Tierknochen erheblich länger brauchen, bis sie sich zersetzen. In kleinen Mengen können auch Papierabfälle beigemischt werden, wobei buntes Papier, insbesondere rotes und gelbes aufgrund des Schwermetallgehalts, vermieden werden sollte. Zeitungspapier kann man beruhigt in den Kompost geben, da Druckerschwärze aus Kohlenstoff und nicht aus Blei besteht. Baumwoll- und Schurwollabfälle sowie Haare und abgeschnittene Nägel sind ebenfalls nützliche Kompostbestandteile.

Wenn Ihr Haushalt nur wenig organischen Müll produziert, könnten Sie ihn z. B. mit Abfällen des nächsten Gemüseladens aufstocken. In Reitställen, die sich in Städten befinden, freut man sich meistens auch, wenn überschüssiger Mist weitergegeben werden kann. Zoohandlungen sind vielleicht in einer ähnlichen Situation; auch Stroh und Sägemehl sind hilfreich.

In zahlreichen Haushalten wird der Kompost nicht getrennt gesammelt, sondern landet im normalen Hausmüll; da könnte so mancher Rasen- oder Heckenschnitt vielleicht vor der Müllabfuhr gerettet werden. Fragen Sie nette Nachbarinnen oder Nachbarn, ob Sie unerwünschte, organische Abfälle übernehmen dürfen.

Sand, altes Moos von Dächern, Kalkverputz (aber nur ganz wenig) sowie der eine oder andere Eimer nicht mehr benötigter, bei Ausgrabearbeiten ausgehobener Erde lässt sich überall finden, wo gebaut wird. Alle diese Materialien tragen zum Mineralgehalt des Bodens bei.

Die besten Helfer, die sie engagieren können, um die Arbeit zum Abschluss zu bringen, sind Regenwürmer. Es gibt Startpakete für die Wurmkompostierung zu kaufen, aber Sie können die Würmer auch einfach überall da aufsammeln, wo Sie sie finden. Ein kleiner Spaziergang unter Bäumen mit einer Plastiktüte in der Tasche wäre vielleicht eine gute Möglichkeit für Sie, Ihre eigene Regenwurmgemeinde zu gründen. Machen Sie sich keine Sorgen darüber, was die Leute denken. Würmer sind sehr hygienisch. Außerdem gewöhnt man sich recht schnell daran, sie aufzulesen, wenn einem klar ist, wie nützlich die kleinen Wesen sind.

Geben Sie die Würmer nach dem Füllen Ihrer Behälter einfach ganz zuletzt auf das Füllmaterial – sie graben sich schon bald nach innen. Auf dem Weg verdauen sie all die organischen Abfälle und machen daraus Muttererde.

Wenn die Behälter voll sind, können Sie ans Pflanzen denken. Zum Anfangen eignen sich Kartoffeln ganz besonders gut, da sie groben Kompost sehr schnell in schwarze, krümelige Erde umwandeln (genauere Angaben siehe »Kartoffeltürme«, S. 37). Große Samen gehen in Grobmaterial besser an als zarte, weshalb Bohnen, Erbsen, Zwiebeln und Spinat für den Anfang gut geeignet sind. Ansonsten sind Pflanzen vorzuziehen, die in Töpfen o. Ä. vorgezogen wurden. Kohl kann man normalerweise vom Frühling bis zum Herbst in Zehnerpacks kaufen. Da der Wurzelballen dieser

Aus dem Beton sprießt neues Leben.

Pflanzen intakt ist, gehen sie schnell in den Kompostgefäßen an.

Einige sich ausbreitende Pflanzen wie Kapuzinerkresse oder Immergrün sorgen in einem grauen Hinterhof für Farbe und Flächendeckung. Wenn Sie gerade erst anfangen, kommen Sie doch einmal mit anderen Gartenbesitzerinnen und -besitzern in Ihrer Nachbarschaft ins Gespräch. Es wird Ihnen wohl niemand einen Ableger oder ein bisschen Wurzelwerk neiden, wenn gerade ein übervolles Beet zum Teilen ansteht. Zudem habe ich noch niemals Gartenbesitzerinnen bzw. -besitzer gesehen, die weniger Erfahrenen nicht gerne ein paar gute Ratschläge gegeben hätten!

Auf den meisten Samentüten steht ganz genau beschrieben, wie der Inhalt gesät werden muss. Von der dort angegebenen Ertragsmenge ziehe ich übrigens einen erheblichen Teil ab. Wenn jeder Samen so ertragreich wäre, wie dort nahe gelegt wird, hätten sich die Vororte mittlerweile in Dschungel verwandeln müssen. Ich habe außerdem festgestellt, dass die meisten Pflanzen ein wenig toleranter sind als angegeben. Die Gebrauchsanweisungen sind jedoch bemüht, uns zum bestmöglichen Ergebnis zu führen. Experimentieren Sie mit den verschiedenen Samen und Ablegern, die Sie sowieso haben, anstatt mit der einzigen Samentüte, die Sie sich diese Woche leisten konnten.

Um an Höhe im Hof zu gewinnen, können Stangen angebracht werden, oder man kann Draht oder Kordel so an der Wand entlangspannen, dass Kletterpflanzen wie z. B. Stangenbohnen dort emporwachsen können. Mit Hängekörben lässt sich auch viel vertikaler Raum gewinnen – aber vergessen Sie das Gießen nicht. Ihr Gärtchen braucht überhaupt ab und zu eine kleine Dusche, und die Feuchtigkeit lässt sich zum Beispiel gut mit Hilfe von Materialien wie alten Filzteppichen festhalten. Wenn es möglich ist, Wasser vom Dach zu sammeln, umso besser.

Wer sich Gedanken wegen der Umweltverschmutzung in unseren Städten macht, sollte sich merken, dass grünes Blattgemüse noch die sicherste Alternative ist, da sich die Schadstoffe erst in den Wurzeln richtig konzentrieren. Spülen Sie das Blattgemüse einmal gut mit sauberem Wasser ab, damit der aus der Luft abgesetzte Schmutz entfernt wird.

Die ganze Pflege, die Ihr Garten beansprucht, umfasst das kontinuierliche Auffüllen der Gefäße mit Mulch, das Ernten der Leckerbissen und, je nach Bedarf, das Anpflanzen neuer Gewächse.

Tabelle 5: Lebendige Mulchpflanzen

Schnelle Bodenbedecker bilden einen lebendigen Mulch:

Schafgarbe	Achillea millefolium	M
Günsel	Ajuga reptans	M
Frauenmantel	Alchemilla vulgaris	M
Grasnelke	Armeria splendens	M
Ringelblume	Calendula officinalis	E
Walderdbeere	Fragaria vesca	M
Fetthenne	Sedum spp	M
Kriechklee	Trifolium repens	M
Große Kapuzinerkresse	Tropaeolum majus	E
Immergrün	Vinca spp	M

Der Baumgarten (1)

Überall auf dem Erdball gibt es alte, vernachlässigte Gärten. Man zieht irgendwo neu ein und findet einen Urwald aus Gras und Wildkräutern vor sowie einen alten Obstbaum, den jemand vor fünfzehn Jahren gepflanzt und dann vergessen hat. »Wann wirst du eigentlich den Garten machen?«, fragt sie ihn oder er sie. Nur keine Panik! Probieren Sie es mit der folgenden, einfachen Lösung: Legen Sie einen Baumgarten an einem Tag an.

Der erste Merksatz für jeden Garten lautet »Klein anfangen«. Also nicht gleich die ganze Wildnis zähmen, sondern erst einmal beim Mittelpunkt des Interesses anfangen, beim Baum. Wenn er überwuchert ist, muss er erst einmal zurückgeschnitten werden. Wenn er einen kräftigen Rückschnitt benötigt, ist es besser, damit bis zum Herbst zu warten. Bringen Sie den Baum auf vier Hauptäste zurück, und dünnen Sie das Blätterdach so aus, dass Licht von allen Seiten an die Knospen herankommt. Am besten wird eine solche größere Aktion durchgeführt, bevor Sie sich mit dem Rest des Gartens befassen, weil ansonsten hinterher wieder alles in Unordnung gebracht werden kann.

Der Grundgedanke besteht darin, dass ein kreisförmiger Garten rund um den Baum angelegt wird. Dabei wird der Baum als Auffänger und Lieferant nützlicher Nährstoffe genutzt, während die anderen Pflanzen eine Gemeinschaft bilden, in der jedes Mitglied so platziert ist, dass es von maximalem Nutzen für seine Nachbarschaft ist.

Wasser sammelt sich in zwei Bereichen an: am untersten Ende des Baumstammes und an seiner »Tropflinie«. Diese befindet sich dort, wo der Regen am Rand des

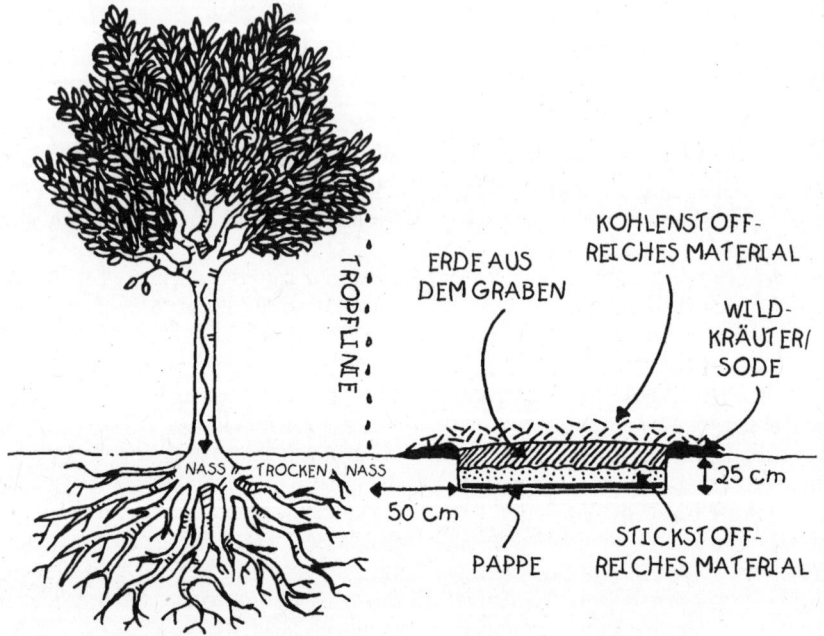

Der Baumgarten ist so angelegt, dass er so viel Energie wie möglich speichert und den bestmöglichen Widerstand gegen Katastrophen bietet. Sowohl die Anlage als auch die spätere Pflege erfordern minimalen Arbeitsaufwand.

Blätterdachs heruntertropft. Unter dem »Schirm« des Baums ist es relativ trocken.

Um den besten Nutzen aus dieser Selbstbewässerungsmöglichkeit zu gewinnen, bietet es sich an, einen 25 cm tiefen Graben einen halben Meter außerhalb der Tropflinie auszuheben. Heben Sie die lose Erde auf einem Haufen für späteren Gebrauch auf. Wildkräuter oder Sode können dazu verwendet werden, die Beetkanten leicht abzurunden (siehe Abbildung). Wenn der Baum wächst, kann man das Beet erweitern, damit es außerhalb der Linie bleibt.

Bedecken Sie die Oberfläche des Beets mit einer doppelten Schicht Pappe und schütten Sie diese dann vollständig mit einer 10 cm dicken Schicht aus stick-stoffreichem Material wie Kompost oder gut zersetztem Dünger zu. Fügen Sie die restliche lose Erde hinzu, die von dem Graben übrig ist.

Als oberste kohlenstoffreiche Schicht werden dünne Zweige, Holzspäne, Stroh oder Pflanzenschnitt daraufgelegt. Dies ist ein Schichtmulchsystem.

Das Endergebnis kann ziemlich wüst aussehen, aber innerhalb einer Saison werden sich die Abfälle auf der Oberfläche zersetzt und in feine, krümelige Erde verwandelt haben. Dieser Prozess wird im Unterkapitel »Wie Gras zu Gemüse wird« auf S. 46 ausführlicher erklärt. Sobald das Beet fertig ist, sollte es, sofern dies möglich ist, auf keinen Fall mehr betreten werden. Stattdessen kann man Zugangswege anlegen bzw. Steine oder Holzscheiben zum Gehen hinlegen.

Als Nächstes folgt die Bepflanzung, wobei Arten ausgesucht werden, die einen der Abb. auf S. 31 entsprechenden Querschnitt durch alle vertikalen Wachstumsschichten ermöglichen. Die Pflanzen sollten auch mit Blick auf die Erntevielfalt und den gegenseitigen Nutzen ausgewählt werden. In unserem Beispiel sollen folgende Erträge erzielt werden:

1. Der Baum konzentriert Regenwasser und wirft Laub ab, das reich an Nährstoffen ist, welche der Baum mittels seines Wurzelsystems im Boden aufgenommen hat. Er kann außerdem auch gut als Stütze für Kletterpflanzen dienen.
2. Bohnen nutzen den vertikalen Raum, der durch den Baum entstanden ist, und – da sie Schotengewächse sind – speichern Stickstoff und helfen somit bei der Versorgung anderer Pflanzen.
3. Die Ringelblume ist nicht nur eine sonnenliebende Blume; ihre Wurzelabsonderungen hindern schädliche Fadenwürmer daran, andere Pflanzen anzugreifen. Sowohl die Blüten als auch die Blätter sorgen einen Großteil des Jahres für Salat, der reich an Vitamin E ist.
4. Zwiebeln tragen ebenfalls zu einer gesunden Wurzelzone bei. Schnittlauch gehört auch zur Familie der Zwiebeln und ist als nachwachsende Pflanze immer eine gute Wahl.
5. Winterkresse ist mehrjährig, und da sie selbst säend ist, stellt sie eine ständige Bodenbedeckung dar, aus der sich auch im Winter Salat gewinnen lässt.
6. Echter Kerbel ist eine weitere Wintersalatpflanze, und wegen seiner Zu-

gehörigkeit zur Familie der Doldengewächse hat er lange, schirmartige Blüten, mit denen nützliche Insekten angezogen werden.
7. Der Mulch trägt zur Ernährung des Baums bei, und aufgrund seiner Dürreresistenz hilft er dem Baum dabei, in trockenen Sommern Mehltau abzuwehren; außerdem muss er nicht gegossen werden.

All diese Erträge können durch die Arbeit eines einzigen Tages erzielt werden. Das Beet kann man später zu einer ovalen Form erweitern und einen zweiten Baum einfassen, oder es ist Teil einer Entwicklung, in der ein alter Obstgarten in einen Waldgarten verwandelt wird – aber davon später mehr ...

Wenn Sie keinen alten Baum haben, kann auch ein junger Baum als Mittelpunkt eines neu anzulegenden Beets gepflanzt werden.

Der Baumgarten (2)

Eine Alternatividee zu obigem Gartenbeispiel entstand als Reaktion in Anbetracht der Tatsache, dass Millionen von Weihnachtsbäumen Jahr für Jahr im Januar in den Müll wandern.

Kaufen Sie einen Weihnachtsbaum mit Wurzeln, und wenn die Weihnachtszeit vorbei ist, legen Sie, wie oben beschrieben, ein Beet mit dem Baum als Mittelpunkt an. Das Beet wird am besten geraten, wenn es sauren Boden enthält, und das kann mit Hilfe eines sehr hohen Anteils organischer Materie im Mulch erzielt werden; außerdem hilft es, wenn man Sand statt Erde verwendet. Fügen Sie klein geschnittene Zweige von den (toten) Christbäumen aus Ihrer Nachbarschaft als Mulch hinzu.

Viele übliche Gemüsepflanzen gedeihen hervorragend in einem leicht sauren Beet. Andere geeignete Pflanzen sind:

- ❍ Sträucher: Blaubeere, Heidelbeere, Indigo, Erika
- ❍ Krautpflanzen: Primel, Thymian
- ❍ Bodenbedecker: Alpenerdbeere, Fetthenne
- ❍ Zwiebelgewächse: wilder oder gezüchteter Knoblauch, Schneeglöckchen, Fritillarie
- ❍ Kletterpflanzen: Geißblatt, Tropaeolum speciosum

Wie Gras zu Gemüse wird

Ein Rasen ist ein wunderbarer Ort, um in der Sonne zu schlafen und mit den Kindern zu spielen – oder um große Mengen Energie dafür zu verbrauchen, dass etwas vollkommen Grünes, gleichmäßig Kurzes und praktisch Nutzloses entsteht. Mit anderen Worten, ein Rasen ist etwas, das wir sehr leicht in etwas sehr viel Nützlicheres verwandeln können. Hier ist ein Beispiel, wie man an einem Tag einen Garten auf einer unerwünschten Rasenfläche anlegen kann.

Wuchsflächen entstehen schnell mit Hilfe von Schichtmulchmethoden, die wir schon bei den Baumgärten (S. 43 ff.) kennen gelernt haben. Dazu werden dicke Pappe, Zeitungspapier, alte Kleider und Teppiche (aber bloß keine synthetischen Materialien!) ausgebreitet, die dann die Wildkräuter unterdrücken. Man kann diese Schicht sogar über hohem Wiesengras, Disteln und Ampfer aufbringen. Darüber kommt eine handbreite Schicht aus stickstoffreichem Material: Kompost, Dung, Küchenabfälle, alte Blätter. Schließlich wird das Ganze mit kohlenstoffreichem Material bedeckt: Stroh, Rasenschnitt, Holzspäne

und Papierschnitzel. Das mag zuerst etwas wüst aussehen, aber bald wird daraus gut zersetzte, fruchtbare Erde.

Einen Schichtmulch legt man am besten im Herbst an, sodass sich alles bis zur Frühjahrsbepflanzung gut setzen kann. Wenn der Frost vorbei ist, können Samen gesät werden, denen eine grobe Umgebung nichts ausmacht, wie etwa Kartoffeln, Bohnen und Erbsen, Calendula, Buchweizen oder Zwiebeln. Die Samen werden gut in die Stickstoffschicht hineingedrückt. Pflanzen aus kleineren Samen (z. B. *Brassica)* kann man zuerst in anderen Gefäßen anziehen; sie werden erst dann umgepflanzt, wenn sie etwa faustgroß sind.

Einige kreuzweise und vorsichtig ausgeführte Schnitte mit einem stabilen Messer quer durch die unterste Schicht ermöglichen es den Arten mit tiefgreifendem Wurzelwerk, schneller eine Versorgungsverbindung nach unten zu legen. Der grobe Mulch kann weggezogen werden, um diesen Pflanzen Platz zu machen, oder man setzt die Pflanzen in kleine Taschen aus Muttererde in die oberste Strohschicht. Die Erträge werden im ersten Jahr noch nicht den angestrebten Umfang aufweisen, aber bereits nach einer Wachstumsperiode entsteht eine tiefe Humusschicht aus erstklassiger Erde voller Regenwürmer und die zukünftigen Erträge werden reichhaltiger.

Bei der Beurteilung des Ertrags ist zu berücksichtigen, dass diese Methode völlig auf die rückenbrecherische Arbeit des Umgrabens und Unkrautjätens verzichtet, eine Arbeit, die sonst immer anfallen würde, wenn neuer Boden urbar gemacht wird. Auch die weitere Pflege beinhaltet nichts anderes als ständiges Mulchen, obwohl unerwünschte Wildkräuter, die durch die Mulchschicht brechen, natürlich entfernt werden können. Ich habe schon viele

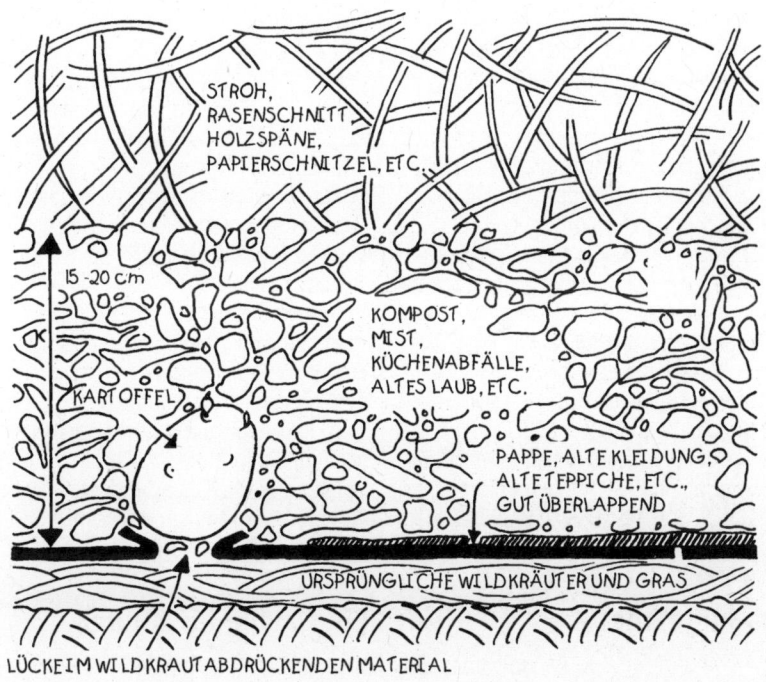

STROH, RASENSCHNITT, HOLZSPÄNE, PAPIERSCHNITZEL, ETC.

15-20 cm

KOMPOST, MIST, KÜCHENABFÄLLE, ALTES LAUB, ETC.

KARTOFFEL

PAPPE, ALTE KLEIDUNG, ALTE TEPPICHE, ETC., GUT ÜBERLAPPEND

URSPRÜNGLICHE WILDKRÄUTER UND GRAS

LÜCKE IM WILDKRAUT ABDRÜCKENDEN MATERIAL

Querschnitt durch einen Schichtmulch

Schichtmulchgärten an einem Nachmittag an ganz verschiedenen Orten angelegt. Diese Methode zeichnet sich durch eine solche Geschwindigkeit aus, dass selbst Anfängerinnen oder Anfänger schon bei Sonnenuntergang des ersten Tages alles voll im Griff haben.

Manche Menschen beschweren sich über das Folgeproblem der Nacktschnecken im Mulch. Grundsätzlich kann man davon ausgehen, dass ein Übermaß einer bestimmten Spezies immer ein Zeichen dafür ist, dass sich das System nicht im Gleichgewicht befindet. Schnecken mögen saures Klima und feuchte Bedingungen, aber sie hassen Schwefel. Holzasche oder reiner Kohlenruß verjagt sie. Das jährliche Düngen mit Kalk sorgt dafür, dass Beete nicht zu sauer werden. Angeblich werden Schnecken auch durch aromatische und stachelige Pflanzen vertrieben, sodass häufige Zwischenpflanzungen von Kräutern dazu beitragen, den Garten bei bester Gesundheit zu halten. Igel, wilde Vögel, Hennen und Enten befriedigen ihren Nahrungsbedarf übrigens gern unter Zuhilfenahme des Schneckenbestands.

Für die weitere Pflege sollte die Oberfläche so gemulcht wie möglich gehalten werden, vor allem außerhalb der warmen Jahreszeit. Der Mulch unterdrückt Wildkrautwuchs. Am Anfang ist man oft etwas zurückhaltend, wenn es um die Dicke des zu verwendenden Mulchs geht. Dabei zersetzt sich alles wirklich sehr schnell; ich empfehle daher eine gewisse Beherztheit.

Unerwünschter Mulch kann einfach zusammengerecht und anderswo im Garten verwendet werden.

Es ist empfehlenswert, das Beet anfangs mit geringer Randfläche anzulegen. Geformte Beete können immer noch angelegt werden, wenn der ursprüngliche Schichtmulch verrottet ist. Wie beim Baumgarten gilt auch hier: niemals das Beet betreten, wenn es sich irgendwie vermeiden lässt. Im Notfall benutzen Sie ein Brett, auf dem sich das Gewicht verteilt, sodass eine Verdichtung des Bodens verhindert wird. Graben Sie das Beet auch möglichst niemals um. Da die Schichten genau aufeinander abgestimmt sind, würde beim Umdrehen der Erde das Gleichgewicht dieses sich selbst steuernden Systems zerstört werden.

Das Hügelbeet

Die folgende Methode ist eine sinnvolle Möglichkeit, unerwünschten Holzschnitt aufzubrauchen, indem man ein Beet gestaltet, das sich über einen langen Zeitraum selbst ernährt; außerdem bringt es eine interessante Abwechslung in einen flachen Garten.

Sie benötigen als Erstes holziges Material (Hecken- oder Obstbaumschnitt), und zwar in einer ausreichenden Menge, damit ein runder Stapel von etwa 1 m Durchmesser und einer Höhe von 1 m gebildet werden kann. Stapeln Sie das Holz direkt neben der Stelle auf, wo das Beet angelegt werden soll, und nehmen Sie die Sode und oberste Erdschicht eines Kreises mit einem Durchmesser von etwa 1 m ab; bewahren Sie beide Materialien getrennt auf.

Häufen Sie nun die Zweige in den Kreis und stellen sich selbst darauf, um alles zusammenzudrücken. Bedecken Sie das Ganze zuerst mit der ausgehobenen Sode und

dann mit der Muttererde. Bewässern Sie den Hügel, damit sich die Materialien gut setzen. Nun können Sie bepflanzen. Das Hügelbeet ist ideal für einen Baum oder Strauch als Mittelpunkt; dieser wird am besten schon während des Anlegens in den Hügel eingepflanzt. Wenn Sie sich für diese Variante entscheiden, sollten Sie sicherstellen, dass die Wurzeln von genügend Erde umgeben sind. In der Zweigschicht wird Luft gespeichert, und der Boden wird eine Weile brauchen, bevor er sich bei all den Lücken gesetzt hat.

Sie haben nun ein rundes Hügelbeet, das bepflanzt werden kann. Der Mittelpunkt des Beetes wird sich nur langsam senken, wobei kleine Mengen Stickstoff kontinuierlich freigesetzt werden.

Ein Garten für Kinder

Beim Anlegen eines Gartens für Kinder gilt es als Erstes zu entscheiden, ob es ein Garten werden soll, den Sie für die Kinder in Ordnung halten, ein Garten, den Sie mit den Kindern als Lerngelände teilen, oder ob es ein Garten werden soll, in dem kindliche Anarchie waltet.

Es bietet sich an, erst einmal darüber nachzudenken, was Kinder so alles im Garten machen. Nur sehr wenige werden stundenlang Wildkraut jäten oder Beete bepflanzen, es sei denn, Sie haben Zeit, es mit ihnen gemeinsam zu tun. In diesem Fall ist dies die beste Gelegenheit, das Interesse der Kinder zu wecken.

Am liebsten verbringen Kinder viel Zeit damit, herumzutoben und Phantasiespiele zu spielen. Für kleine Kinder ist es am besten, einen Ort nahe am Haus einzuplanen, der wenigstens teilweise überschattet ist. Wenn größere Kinder da sind, die gern durch die Gegend rennen und mit Bällen

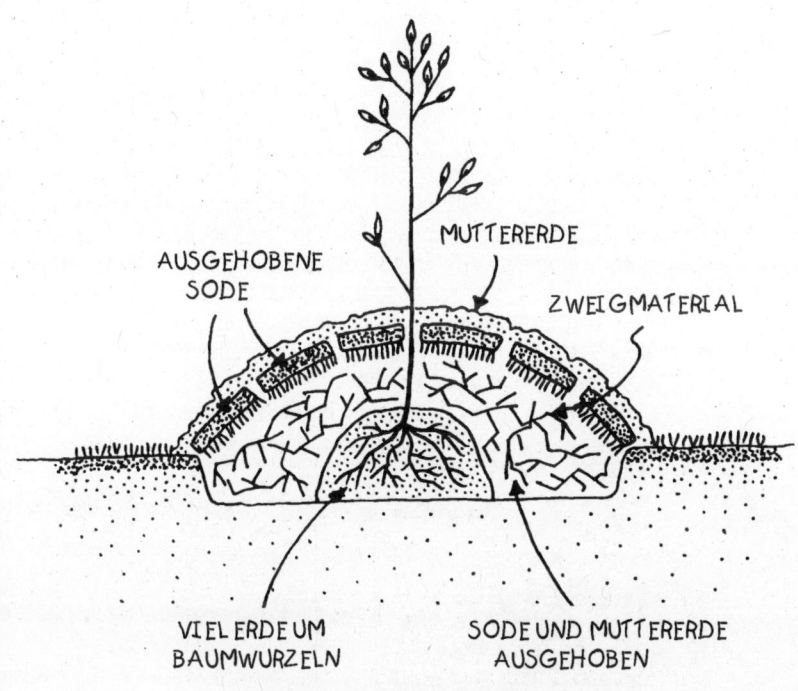

AUSGEHOBENE SODE

MUTTERERDE

ZWEIGMATERIAL

VIEL ERDE UM BAUMWURZELN

SODE UND MUTTERERDE AUSGEHOBEN

Unerwünschte Gartenabfälle werden in einem Hügelbeet zu einem nützlichen und attraktiven Wuchsraum.

werfen, stellen Sie sicher, dass empfindliche Pflanzen geschützt sind (z. B. durch einen Zaun).

Der hier vorgestellte Garten ist für zwei- bis sechsjährige Kinder konzipiert, aber Sie können ihn natürlich an die jeweiligen Bedürfnisse anpassen. Es gibt keinen Grund, warum Erwachsene nicht auch einen Spielplatz haben sollten! Wenn wir an die Kinder denken, sollten wir deshalb die Erwachsenen nicht vergessen: Planen Sie einen Sitzplatz in der Sonne und einen im Schatten mit ein, wo Sie sich bei entsprechendem Wetter draußen hinsetzen können. Umgeben Sie den Sitzplatz mit Farben und Duft (oder was immer Sie bevorzugen), sodass es ein angenehmer Ort zum Verweilen wird.

Wenn Sie robustere Spielgeräte mit einbeziehen wollen, verweise ich auf »Platz zum Spielen« (S. 112 ff.). Manche Altmaterialien bieten bessere Nutzmöglichkeiten als Fertigspielzeuge. Ein altes Schlauchboot oder ein kurzes Stück Leiter sind gute Beispiele. Wenn Sie etwas Derartiges sehen, greifen Sie schnell zu. Das hier vorgestellte Gartendesign kann am besten verwirklicht werden, wenn ein natürlicher Abhang im Garten vorhanden ist; er begünstigt das Rutschen und Klettern.

Kinder lernen in diesem Garten, dass sie nicht auf Wuchsflächen treten dürfen, und sie erhalten reichlich Gelegenheit, aus dieser Anweisung ein Spiel zu machen. Dabei können sie auch mit relativ einfachen Pflanzen üben.

Pflanzen, die bei Kindern besonders beliebt sind, keimen meist schnell; sie sind leicht zu pflegen, und es macht Spaß, sie zu ziehen oder zu pflücken: Malve, Kapuzinerkresse, Ringelblume, Gänseblümchen, Gartenwicke, Kartoffeln, Möhren, Senf und Kresse, Radieschen, Salat, Erbsen, Bohnen und Erdbeeren sind hierfür gute Beispiele.

In einem Stadtbauernhof mit angeschlossenem Café und Spielplatz wurde eine Wippe so angelegt, dass sie eine Wasserpumpe betätigt – eine hervorragende Idee, wie spielend ein Nutzen erzielt werden kann. Es kann unheimlich viel Spaß machen, sich viele Nutzungsmöglichkeiten für die Konstruktionen im Garten einfallen zu lassen. In einem Garten, für den ich einen mit Spalier überdachten Gartenweg entworfen hatte, fügten die Besitzer eine Schaukel hinzu, die an einer der horizontalen Querkonstruktionen hing. Alle vertikalen Strukturen können zusätzlich als Gerüst für Kletterpflanzen dienen, die schon an sich etwas Schönes sind, und Stangenbohnen sind für Kinder etwas ganz Wunderbares.

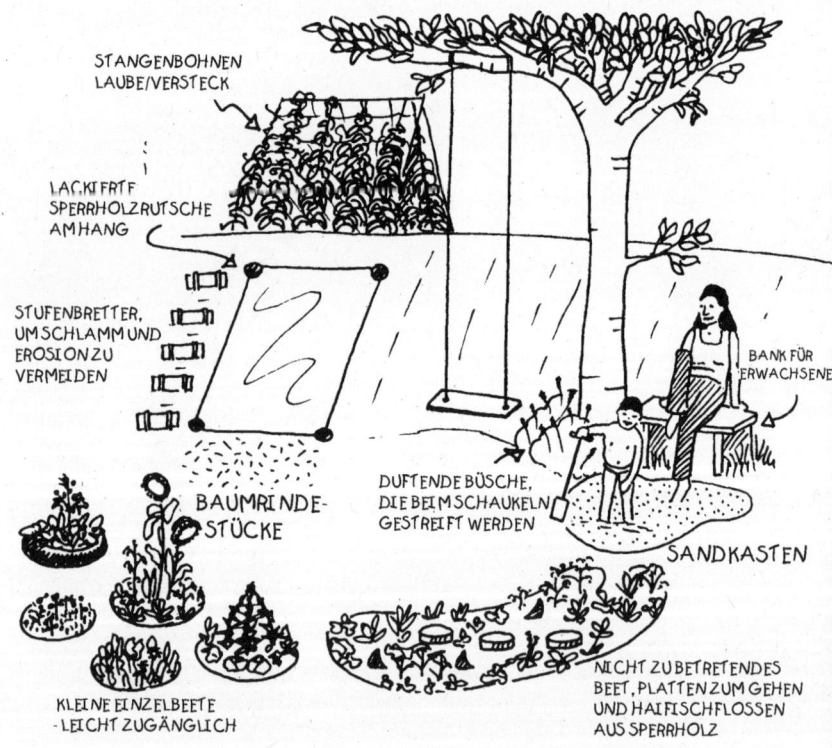

STANGENBOHNEN
LAUBE/VERSTECK

LACKIERTE
SPERRHOLZRUTSCHE
AM HANG

STUFENBRETTER,
UM SCHLAMM UND
EROSION ZU
VERMEIDEN

BAUMRINDE-
STÜCKE

DUFTENDE BÜSCHE,
DIE BEIM SCHAUKELN
GESTREIFT WERDEN

BANK FÜR
ERWACHSENE

SANDKASTEN

KLEINE EINZELBEETE
- LEICHT ZUGÄNGLICH

NICHT ZU BETRETENDES
BEET, PLATTEN ZUM GEHEN
UND HAIFISCHFLOSSEN
AUS SPERRHOLZ

Mit Kindern im Garten zu arbeiten, kann sehr lohnend sein.
Sie bevorzugen eine sanfte Einführungsmethode ins Gärtnern. In diesem
Garten wird versucht, Spielen und Lernen miteinander zu kombinieren.

Tabelle 6: Nützliche Kletterpflanzen

Spitzblättriger Strahlengriffel	Actinidia arguta x meader	M/E	robuste, fruchttragende Arten
Chinesischer Strahlengriffel	Actinidia chinensis	E/M	männl. u. weibl. Pflanzen zur Befruchtung nötig
Trompetenwinde	Campsis radicans	M	warmer, sonniger Standort / nährstoffreicher Boden
Japanische Quitte	Chaenomeles japonica	M	klettert nicht von selbst
Gemeine Waldrebe	Clematis vitalba	M	Heilpflanze
Zaunwinde	Convulvulus cneorum	M	zieht Schwebfliegen an
Feige	Ficus carica	E/M	
Efeu	Hedera helix	M	verträgt Norden / Bienennahrung
Geißblatt	Lonicera spp	M	Waldpflanze / verträgt Schatten
Hopfen	Humulus lupulus	M	Abendtee / Bier
Hortensie	Hydrangea petiolaris	M	verträgt Norden
Winterjasmin	Jasminum nudiflorum	M	verträgt Norden
Myrte	Myrtus communis	E/M	
Wilder Wein	Parthenocissus	M	anspruchslos / Sonne und Schatten
Passionsfrucht	Passiflora caerulea	E/M	
Knöterich	Polygonum aubertii	M	Gründünger / Sonne und Halbschatten
Borstige Akazie	Robinia hispida	E/M	Stickstoffspeicher / frost- und windempfindlich
Rose	Rosa spp	M	insbes. R. rubiginosa, R. canina
Ackerbrombeere	Rubus caesius	M	Herbstfrucht
Brombeere	Rubus fruticosus	M	viele Hybriden
Große Kapuzinerkresse	Tropaeolum majus	E	essbar
Echte Weintraube	Vitis vinifera	M	bes. robuste Arten wählen
Glyzine	Wisteria sinensis	M	Stickstoffspeicher

Diese Bohnen wurden anfangs wegen ihrer schönen Blüten aus Südamerika eingeführt. Erst später erkannte man, dass sie auch essbar sind.

Wie die Garage zum Garten wird

In vielen Gärten gibt es eine Garage oder einen Schuppen, was im Allgemeinen als »unansehnlich« gilt. Schuppen sind jedoch

Die einzige Grenze der Produktivität ist Ihre Vorstellungskraft.

äußert nützlich als Gerüste für den erweiterten Garten. Sie haben viele Vorzüge:

○ Sie können ein Gewächshaus anfügen und die Garage als Sonnenspeicher nutzen, um Wärme einzufangen, falls Sie an einem kalten Tag dort arbeiten wollen.

○ Ein flaches oder leicht schräges Dach kann selbst in einen Garten verwandelt werden: Mit wasserdichter Haut abdecken, Randbretter anbringen, Erde aufbringen und bepflanzen.

○ Regenwasser vom Dach kann für den eigenen Wassergarten oder einfach zur Bewässerung gesammelt werden.

○ Pflanzen können an Spalieren an der Seite des Schuppens emporwachsen.

○ Sie können feststellen, welche Seite schattig ist und welche als Sonnenspeicher genutzt werden kann und daraufhin die umliegenden Flächen mit Gewächsen bepflanzen, die die jeweiligen Bedingungen mögen.

○ Körbe mit Hängepflanzen können an den Dachvorsprüngen angebracht werden.

Grauwasserschilfbeet

Im Folgenden wird ein Projekt vorgestellt, das nur einen Tag Arbeit kostet und mit dem Wasser von angemessener Qualität für die Bewässerung des Gartens bereitgestellt wird, während zugleich Wasserverschwendung vermieden wird – eine Art alternativer Selbsthilfeaktion.

In den westlichen Ländern geht man ungeheuer verschwenderisch mit Wasser um. In der Dritten Welt streben die Mitarbeitenden von Hilfsprojekten eine

Verfügbarkeit von ca. 40 l sauberen Wassers pro Person und Tag an. In Europa und in den USA liegt der tägliche Verbrauch zwischen 400 und 600 l pro Person. Durch verschiedene Trockenperioden in den letzten Jahren sind nun auch viele Menschen in den entwickelten Ländern davon überzeugt, dass unser Wasservorrat nicht so gesichert ist, wie wir bisher annahmen.

Bei uns werden große Mengen Energie verschwendet, weil man darauf besteht, dass das Wasser immer die gleiche Qualität haben muss, und weil das gesamte Abwasser – vom verseuchten bis zum leicht seifigen – in ein großes System mündet. Grauwasser ist bereits benutztes Spül-, Dusch- und Badewasser. Es ist also Wasser, in dem nichts Schmutzigeres gewaschen wurde als der eigene Körper, die eigene Kleidung und das eigene Geschirr. Es müsste also frei von wirklich verschmutztem Abwasser sein.

Mit einer Ableitung des Abwasserrohrs unter der Spüle kann man das Spülwasser in ein entsprechendes Klärsystem umleiten, wo es so weit geklärt wird, dass es für den Garten sauber genug ist. Die dafür benötigten handwerklichen Fähigkeiten sind nicht weiter kompliziert. Möchten Sie jedoch nicht so weit gehen, können Sie das System trotzdem nutzen, indem Sie einfach Eimer und Schüsseln voller Grauwasser darin ausleeren. Der hier vorgestellte Entwurf ist eine Miniversion der Systeme, die heutzutage dafür benutzt werden, das Abwasser von ganzen Städten

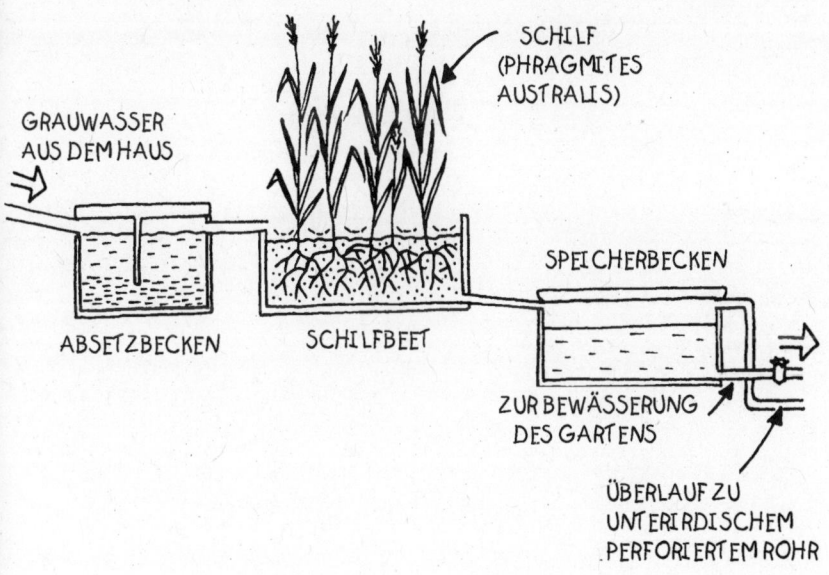

Ein Grauwasserschilfbeet ist ein einfaches Klärsystem,
das Grauwasser so reinigt, dass es zur Bewässerung des
Gartens verwendet werden kann.

oder großen Chemiebetrieben wie ICI im Nordosten von England zu klären. Machen Sie sich also keine Sorgen, Sie sind in bester Gesellschaft.

Noch einige nützliche Informationen: Je höher der Wasserspiegel der Zufuhrseite des Systems und je größer der Höhenabfall im Garten unterhalb dieses Punktes ist, umso wirksamer kann die Schwerkraft zur Verteilung des Wassers genutzt werden. Das Schilfbeet selbst sollte mit Sumpfpflanzen, die in Ihrer Gegend heimisch sind, bepflanzt werden. Schilf, Binsen, Iris und so weiter sind ideal.

Der Ertrag des Systems kann in einen Teich oder zur Flut- oder Tropfbewässerung entsprechend weitergeleitet werden. Flutbewässerung bedeutet, dass das Wasser einfach eine gerade Ebene überspült; bei der Tropfbewässerung wird das Wasser durch perforierte Rohre geleitet und entweicht daher nur langsam durch die Löcher. Das in diesem System produzierte Wasser sollte frei von schädlichen Bakterien sein. Zusätzliche Sicherheit wird erlangt, indem das Wasser niemals zur Bewässerung von Gewächsen benutzt wird, die roh (z. B. als Salat) gegessen werden, aber diese Vorsichtsmaßnahme ist nicht nötig, wenn nur Grauwasser in das System eingeleitet wird.

Welche Ressourcen habe ich?

Niemals, nein, niemals sagte die Natur eines
und die Weisheit ein anderes.

EDMUND BURKE (1729 – 97)

Wir können nur mit dem anfangen, das wir haben. Genau über die natürlichen Rohstoffe, die uns zur Verfügung stehen, nachzudenken, ist der Schlüssel zu guter Planung. Dabei sollten wir nicht vergessen, dass jedes Problem in einen Vorteil gekehrt werden kann, wenn man es anders betrachtet.

Ressourcen

Mit dem zu arbeiten, was wir haben, bedeutet, dass wir alles als Ressource betrachten. Wenn Sie Ihre jetzige Situation als »Problem« ansehen, verschwenden Sie nicht nur Ihr Leben, sondern missachten auch mögliche Vorteile. In dem von Ihnen vorgefundenen Garten ist kein einziger physischer Aspekt an sich gut oder schlecht. Ihr Garten ist einfach,

Gärtner lieben die Herausforderung.

55

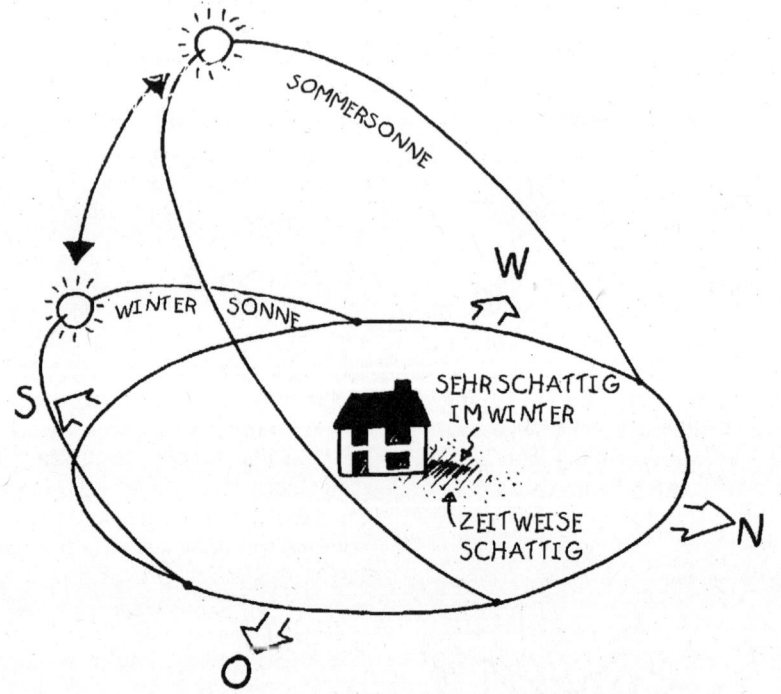

Die während des Jahreskreislaufs variierenden Sonnensektoren

wie er ist, und zur Vermeidung unnötiger Arbeit ist es besser, dies gleich am Anfang zu akzeptieren.

Beginnen Sie, indem Sie Ihren Garten betrachten und einfach beobachten, welche Ressourcen er hat und welche Wirkung diese auf den Garten haben.

Sonne

Stellen Sie sich folgende Fragen:

○ Welcher Teil des Gartens ist der vollen oder teilweisen Sonne ausgesetzt?
○ Welcher Teil ist vollkommen im Schatten?
○ Wie verändern sich diese Verhältnisse im Laufe eines Jahres?

○ Hat der Garten nur wenige sonnige Stellen und könnte man daran vielleicht durch Zurückschneiden etwas ändern?
○ Falls der Garten vollkommen sonnig ist, braucht man schattige Stellen. (In der Wissenschaft ist man sich einig darüber, dass die Ozonschicht weite Teile des Jahres Löcher aufweist; volles Sonnenlicht wird für die menschliche Haut nicht mehr empfohlen. Ein schattiger Platz ist deshalb nicht nur angenehm, wenn wir uns in den Garten setzen wollen; er ist auch zu einer gesundheitlichen Notwendigkeit geworden.)

Die Sonne hat im Garten die wichtige Funktion, die Quelle aller unserer Energie zu sein. Sie verursacht die thermischen

Strömungen in der Luft, die zu Wind und Regen führen. Sie ist der Motor der Fotosynthese, anhand derer die Pflanzen ihre Energie erhalten. Sie erhellt den Tag und mittels Mondreflexion die Nacht. Sie gibt uns die Wärme zum Überleben.

Weil sich die Erde jeden Tag relativ zur Sonne bewegt, erscheint es uns, als bewege sich die Sonne quer über den Himmel. Wir können uns leicht vorstellen, dass die Sonne im Osten aufgeht und im Westen untergeht, aber das tut sie nur zwei Mal im Jahr bei Tagundnachtgleiche. Im Sommer geht die Sonne viel näher am Schattenseitenpol auf (in der nördlichen Hemisphäre im Norden, in der südlichen Hemisphäre im Süden) als im Winter.

Die beiden Extreme werden jährlich am 21. Juni und am 21. Dezember (plusminus ein Tag) erreicht. Dies bedeutet, dass jeder Garten mit dem Jahreskreislauf variierende Sonnensektoren aufweist. Manche Stellen bekommen jeden Tag das volle Sonnenlicht, manche liegen immer im Schatten, und dazwischen gibt es verschiedene Abstufungen, die mit der Jahreszeit wechseln.

Pflanzen sollten entsprechend diesen Bedingungen gesetzt werden. Bei der Planung von Pflanzungen oder etwa dem Bau einer Hütte kann die schattenwerfende Wirkung vorab gemessen werden, indem man eine Stange mit gleicher Länge bei Sonnenschein aufstellt und die Auswirkungen beobachtet. Dabei sollte man nicht vergessen, dass der Zenit der Sonne (ihr höchster Punkt am Himmel) je nach Jahreszeit variiert, sodass die Wintersonne längere und die Sommersonne kürzere Schatten wirft.

Bestimmte Materialien besitzen die Fähigkeit, Sonnenenergie zu absorbieren. Mit einer Reihe von Tricks lässt sich dieser Effekt erfolgreich ausnutzen. Da helles Blatt-

werk, wie grau-, silberblättrige und einige bunte Pflanzen, mehr Licht reflektiert als dunklere Blätter, können solche Pflanzen dazu genutzt werden, die Lichtmenge, die andere in dunklen Ecken wachsende Pflanzen erhalten, zu erhöhen. Diese Pflanzen sind außerdem gute Helfer im Kampf um Dürreresistenz, denn die Reflexion des Lichts sorgt dafür, dass der in Form von Verdunstung stattfindende Wasserverlust minimiert wird (deswegen sind diese Pflanzen wahrscheinlich ursprünglich entstanden). Mit Gewächshäusern lässt sich die gespeicherte Sonnenenergie im Garten offensichtlich erhöhen. Glas bricht (biegt) das Sonnenlicht, sodass interne Reflexionen nicht gleich wieder durch das Glas entweichen können und es zu einem Hitzestau kommt. Dies ist besonders nützlich, wenn das Gewächshaus direkt an einem Gebäude (am Haus, am Hühnerstall usw.) angebracht ist, da die auf diese Weise zusätzlich gewonnene Sonnenenergie zugleich den Wärmeverlust des Gebäudes dämmt (also ein vielfältiger Nutzen!).

Mulch kann ebenso dazu verwendet werden, das vorhandene Sonnenlicht zu modifizieren. Wintermulch aus Stroh, der besonders viel Licht reflektiert, erhöht das für Pflanzen zur Verfügung stehende Licht in den dunkleren Monaten des Jahres. Eine Frühlingsbedeckung aus schwarzem Plastik absorbiert die Wärme und trägt dazu bei, dass der Boden schneller warm wird.

Pflanzen mit dunkleren Blättern geben nachts Licht mit längeren Wellenlängen (Infrarot) ab, das sie tagsüber als Folge der Sonneneinstrahlung aufgenommen haben. Insbesondere Koniferen besitzen daher an Winterabenden eine relativ warme Ausstrahlung. Auch Teiche können so genutzt werden, dass die niedrigstehende Wintersonne auf benachbarte Gebäude oder Pflanzen gelenkt wird, die an schattigen Stellen stehen.

Berücksichtigen Sie, dass bei allen klimatischen Erwägungen sowohl ein großer als auch ein kleiner Maßstab angesetzt werden muss. Die allgemeine Wetterlage mag stark von dem abweichen, was sich in kleinen Winkeln des Gartens abspielt. Dies gilt insbesondere für Gärten in Städten, wo lange Häuserreihen zur Entstehung von Windkanälen führen können, in denen es sowohl geschützte als auch ungeschützte Stellen gibt, deren klimatische

Tabelle 7: Dürreresistente Pflanzen

Einige Pflanzen, die resistent gegen Dürreperioden sind:

Schafgarbe	Achillea millefolium	M
Familie der Zwiebel	Allium spp	E/M
Beifuß	Artemisia spp	M
Melde	Atriplex spp	E
Besenginster	Cytisus spp etc.	M
Eukalyptus	Eucalyptus gunnii	M
Lavendel	Lavendula spp	M
Maulbeere	Morus spp	M
Majoran	Origanum marjorana	M
Birne	Pyrus spp	M
Grüneiche	Quercus ilex	M
(frosthart, gedeiht aber nur in günstiger Lage)		
Rosmarin	Rosmarinus spp	M
Gartenzypresse	Santonila chamaecyparis	M
Fetthenne	Sedum spp	M
Hauswurz	Sempervivens spp	M
Tamariske	Tamarix spp	M
Stechginster	Ulex europaeus	M
(friert zurück, kann sich nicht entfalten)		

Situation mit »der vorherrschenden Windrichtung« nichts gemein hat. Beobachten und entsprechend Reagieren ist die beste Empfehlung.

Wind

Im Allgemeinen hält man den Wind für einen Feind und nicht für einen Freund des Gartens. Bäume können schließlich vom Sturm umgeworfen werden, und der eisige Winterwind tötet so manches liebevoll umsorgte, zarte Pflänzchen. Dennoch wären Pflanzen ohne Wind viel schwächer: Ihre holzigen Stämme sind (unter anderem) durch eine Anpassung an den Druck der Luftströmung entstanden. Ohne Wind würde die Luft stagnieren, sodass sich Krankheiten ausbreiten könnten. Außerdem gäbe es ohne Wind keine Windbestäubung und keine Windmühlen!

In den meisten Gärten herrscht eine bestimmte Windrichtung vor, d. h., ein Viertel des Kompasses ist normalerweise bestimmend. Üblicherweise kommen noch weitere wichtige Windrichtungen hinzu und zu manchen Zeiten des Jahres kann der Wind auch aus allen Richtungen gleichzeitig blasen.

In Großbritannien, wo ein maritimes Klima vorliegt, herrscht meist Wind aus südwestlicher Richtung vor, der den warmen Meeresströmungen aus der Karibik folgt (und sie eventuell mitbringt). Der jedoch am meisten Schaden anrichtende Wind kommt aus nordöstlicher Richtung, da er gerade zurzeit der Obstblüte eisige Winde hereinbläst. Vor kurzem habe ich eine Baumschule gesehen, wo man nach fünfundzwanzig Jahren Betrieb endlich darauf kam, dass ein Windschutz im Norden genauso nötig sei wie der altbewährte Schutz im Südwesten. Obwohl die meisten

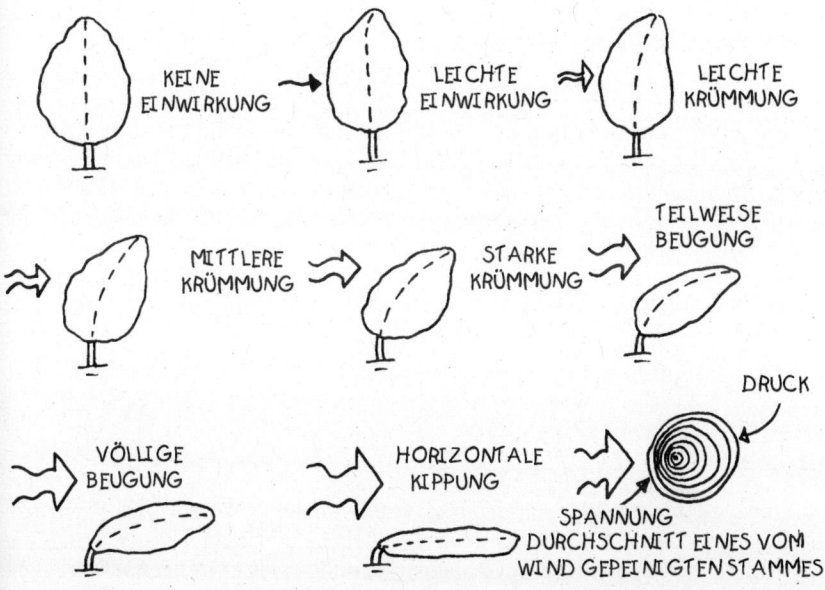

KEINE EINWIRKUNG → LEICHTE EINWIRKUNG ⇒ LEICHTE KRÜMMUNG

MITTLERE KRÜMMUNG ⇒ STARKE KRÜMMUNG ⇒ TEILWEISE BEUGUNG

VÖLLIGE BEUGUNG → HORIZONTALE KIPPUNG

DRUCK

SPANNUNG
DURCHSCHNITT EINES VOM
WIND GEPEINIGTEN STAMMES

Bäume als Windindikator

Aspekte des nachhaltigen Anbaus dem gesunden Menschenverstand entsprechen, sind sie nicht unbedingt offensichtlich!

In anderen Klimazonen liegen andere Windverhältnisse vor. So ist man im kontinentalen Nordamerika zum Beispiel an kalte Nordwinde gewöhnt, die im Winter über Kanada hinwegblasen, wenn der Hochdruck über dem schneebedeckten Nordpol um Ausgleich mit dem Tiefdruck weiter südlich ringt.

Genaue Statistiken können bei örtlichen Wetterdiensten, bei der Feuerwehr, bei lokalen Fernseh- oder Radiostationen sowie bei Zeitungen, Schulen oder in der gut unterrichteten Nachbarschaft eingeholt werden. Es gibt auch noch andere verräterische Zeichen: Sehen Sie sich die Bäume an. Sie haben die Tendenz, die Stärke des vorherrschenden Windes durch ihren Neigungsgrad in Richtung Leeseite anzuzeigen. Dabei kann man alle Windstärken ablesen, von der vom Küstensturm gepeinigten, beinahe horizontal wachsenden Kiefer bis zum schnurgeraden Parklandschaftsbaum in milden, geschützten Gegenden. Wer sich einen Garten in einer unbekannten Gegend einrichtet, kann dies als nützlichen Indikator verwenden.

Zarte Pflänzchen sollten im Winter (wenigstens während der ersten Zeit nach dem Pflanzen) geschützt werden. Durch eisige Winde wird die effektive Temperatur gesenkt und die Pflanzen können bei starkem Wind Frostschäden erleiden, auch wenn die Lufttemperatur über dem Nullpunkt liegt. Für den Windschutz kann man vorübergehend altes Kleinholz, Hürden- und Zaunmaterial einsetzen. Früher wurden langlebige Eiben zurückgeschnitten, um

Tabelle 8:
Windverträgliche Pflanzen

Pflanzen, die Wind gut vertragen bzw. zarteren Pflanzen Schutz geben können:

Grauerle	Alnus incana	M
Bergahorn	Acer pseudoplanatus	M
Rotbuche	Fagus sylvatica	M
Pappel	Populus spp	M
Schlehe	Prunus spinosa	M
Weide	Salix spp	M
Mehlbeere	Sorbus aria	M
Schwed. Eberesche	Sorbus intermedia	M

Winterschutzmaterial für zarte Obstbäumchen in Obstgärten zu liefern. Plastikflaschen mit herausgeschnittenem Boden als Miniaturglocken wären eine moderne Version für kleine Pflänzchen.

Der beste Windschutz lässt noch Luft durch, wobei er sie jedoch abbremst. Ein sehr stabiler Windschutz sorgt für starke Turbulenzen auf seiner Leeseite und ist daher kontraproduktiv. Eine wenig Arbeit beanspruchende Hilfe für den Garten im Winter besteht darin, lange, abgestorbene Pflanzenteile von Bohnen, Mais, Sonnenblumen oder Lupinen während der kalten Jahreszeit einfach stehen zu lassen, da die Windgeschwindigkeit am Boden dadurch reduziert wird. Dies ist bei der Keimung zarter Sämlinge am Anfang des Frühlings sehr nützlich. Man sollte sich in Erinnerung rufen, dass Sämlinge von der Temperatur betroffen sind, die dicht über dem Boden herrscht, und das mag eine ganz andere sein als jene in Kopfhöhe.

Es gibt eine Reihe nützlicher Objekte im Garten, die windbetrieben sein können. Ein Windglockenspiel ist eine attraktive Anschaffung für den Garten, die zugleich sehr gut als Vogelscheuche fungiert. Windglockenspiele gibt es in den verschiedensten Ausführungen. Zwischen zwei Pfähle gespannte alte Fahrradschläuche vibrieren und verscheuchen Vögel. Ein »mit den Flügeln schlagender Habicht« kann simuliert werden, indem man die Silhouette auf eine sich drehende, dreieckige Trommel malt. Windbetriebene Wasserpumpen oder Stromgeneratoren (im kleinen Rahmen) sind selbst für kleinste Gärten realistische Möglichkeiten.

Wasser

Wasser ist das Transportsystem für Nährstoffe im Garten. Pflanzenzellen brauchen einen bestimmten Wassergehalt, damit Nahrung von der Wurzel aufwärts und an den Blättern abwärts befördert werden kann und damit es nicht zum Welken kommt.

Die Anwesenheit von Wasser ist offensichtlich, wenn wir es in einem Teich oder Bach fließen sehen. Der beste Ort für die Wasserspeicherung im Garten ist jedoch der Boden oder die Biomasse (lebende Organismen) selbst. Böden mit einem hohen Tongehalt oder einem hohen Humusanteil sind am besten zur Wasserspeicherung geeignet. Je mehr Biomasse auf dem Grundstück ist, desto größer ist die Menge des Wassers, die im Ökosystem gespeichert werden kann. Einige Pflanzen wie etwa Sukkulenten haben einen besonders hohen Wassergehalt, da sie aufgrund ihrer Evolution in der Lage sind, Dürrezeiten oder austrocknende Umstände wie die salzige Gischt in Küstensituationen gut zu vertragen.

Die Bezugsquellen für Wasser variieren von Grundstück zu Grundstück und beinhalten

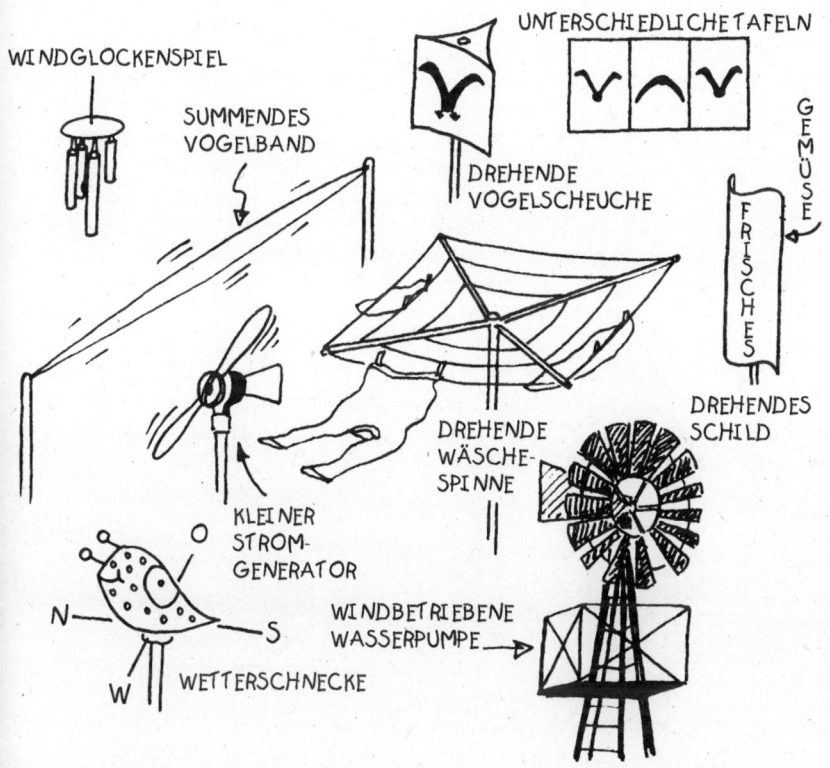

WINDGLOCKENSPIEL

SUMMENDES
VOGELBAND

UNTERSCHIEDLICHE TAFELN

DREHENDE
VOGELSCHEUCHE

GEMÜSE

FRISCHES

DREHENDES
SCHILD

DREHENDE
WÄSCHE-
SPINNE

KLEINER
STROM-
GENERATOR

WINDBETRIEBENE
WASSERPUMPE →

N —
— S
W WETTERSCHNECKE

Ideen für nützliche Vorrichtungen sind im Permakulturgarten immer willkommen –
und denken Sie daran: Wind kostet nichts!

Regenwasser (oder andere Formen des Nie-derschlags), Wasserdurchfluss in Form von Quellen, Bächen oder Flüssen, Abwasser vom Haus und die Sammelstellen für Re-genwasser sowie unterirdische Wasservor-kommen aus dem Grundwasser, die mit Hilfe von Brunnenanlagen oder Pumpen verfügbar gemacht werden. Nur wenige Menschen genießen den Luxus, über na-türliche Wasserläufe auf ihrem Grundstück zu verfügen; die meisten sind auf das Lei-tungswasser aus dem Netz angewiesen. Außerdem leben die meisten Menschen in der Stadt oder in einem Vorort, weshalb

wir den Möglichkeiten, die sich in solchen Gärten bieten, besondere Aufmerksamkeit schenken wollen.

Die erste statistische Information, die wir zur Kenntnis nehmen sollten, ist die für unsere Gegend errechnete jährliche Niederschlagsmenge; diese Ziffer wird dann auf die Gegebenheiten unseres Gartens (Abhang, Schatten) übertragen. Schattiger Boden ist üblicherweise nas-ser, abfallender Boden ist eher trockener. Dies sind jedoch Verallgemeinerungen. Unterhalb einer dichten Baumbedeckung ist der Boden eines bewachsenen Hügels möglicherweise feuchter als ein leicht im Schatten und tiefer gelegener Boden. Die Art der Bodenpflege hat auch einen Einfluss darauf, welche Menge des Niederschlags bis zur Zone der Pflanzenwurzeln versickert. Verschiedene Möglichkeiten der Einflussnahme werden im Kapitel »Wasser im Garten« (S. 116 ff.) behandelt.

Da das Wetter in den letzten Jahren unberechenbarer geworden ist (was ein globales Phänomen zu sein scheint), sollten wir den Umgang mit den Wasserressourcen so genau wie möglich planen, denn dies könnte sich als die bedeutendste Einschränkung für unsere Gärten erweisen.

Wenn man den jährlichen Niederschlag mit der Grundfläche des Hauses multipliziert, erhält man das Volumen an Wasser, das sich allein mit Hilfe des Dachs innerhalb eines Jahres gewinnen lässt. Daraus kann man ableiten, wie groß der Wasserbehälter sein muss, damit all das kostenlose Wasser für den Garten aufgefangen werden kann. So reduziert man übrigens auch die Belastung für das städtische Wasserversorgungssystem.

Es fließt genauso viel Wasser aus dem Haus ab wie dem Haus zugeführt wird. Zurzeit sehen die meisten dabei zu, wie ihr Abwasser im Abwassersystem verschwin-

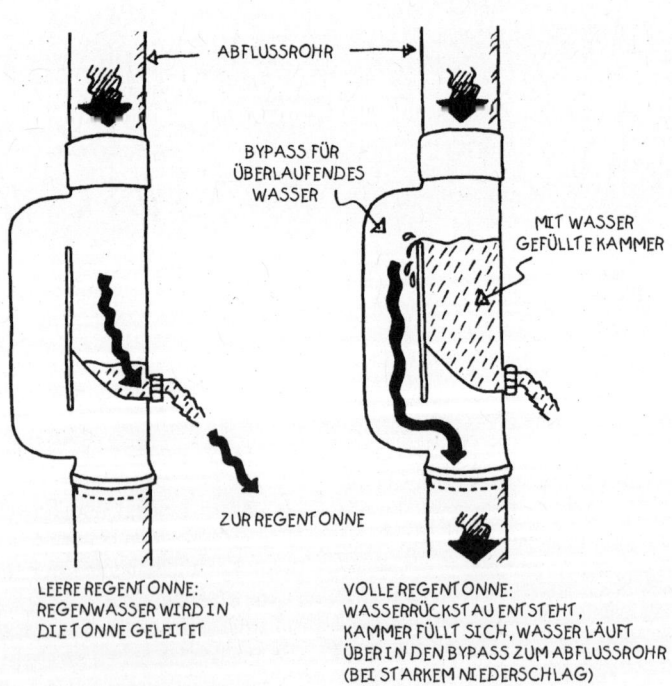

ABFLUSSROHR

BYPASS FÜR
ÜBERLAUFENDES
WASSER

MIT WASSER
GEFÜLLTE KAMMER

ZUR REGENTONNE

LEERE REGENTONNE:
REGENWASSER WIRD IN
DIE TONNE GELEITET

VOLLE REGENTONNE:
WASSERRÜCKSTAU ENTSTEHT,
KAMMER FÜLLT SICH, WASSER LÄUFT
ÜBER IN DEN BYPASS ZUM ABFLUSSROHR
(BEI STARKEM NIEDERSCHLAG)

Fangt den Regen! Solche Unterbrechungssysteme, die in zunehmendem Maße erhältlich sind, erleichtern das Sammeln von Regenwasser erheblich.

det, wo es entweder ins Versorgungsnetz oder teilweise geklärt zu natürlichen Wasserläufen zurückgeführt wird. Nur eine geringe Menge des vom Menschen produzierten Abwassers ist nach der Klärung völlig »sauber«.

Wir können Systeme zur lokalen Säuberung und Wiederverwertung von Wasser entwerfen, die zum dauerhaften Bestehen unserer Gemeinschaft beitragen, weil sie den Energiebedarf für diese Art der Abwasserbeseitigung reduzieren. Es ist zum Beispiel wenig sinnvoll, die Toiletten mit makellosem Quellwasser zu spülen, wenn leicht seifiges Wasser vom Waschbecken genauso gut verwendet werden könnte.

In bis zu 30 Prozent unserer städtischen Umwelt kann Regen nicht eindringen, weshalb wir uns auch um Wege und Straßen als wichtige Wassersammelstellen kümmern sollten. Selbstverständlich dürfen wir dieses Wasser nur in dem sicheren Wissen benutzen, dass seine Qualität für den gedachten Zweck auch ausreichend ist.

Feuer

In den gemäßigten Klimazonen neigen wir dazu, das Brandrisiko zu unterschätzen, als wären nur trockene Gegenden davon betroffen. Feuer kann weite Flächen in wenigen Stunden verschlingen und vollkommen zerstören. Feuer hat die Tendenz, sich nach oben auszudehnen, besonders wenn ein trockener Sommerwind weht, sodass Feuerschutzvorrichtungen an der abschüssigen Seite und der Windseite des Hauses angebracht werden sollten, falls ein solches Risiko besteht. Ein zusätzlicher Sicherheitsfaktor besteht darin, Teiche in dieser Umgebung einzuplanen. Man sollte sich vergegenwärtigen, dass manche Bäume (zum Beispiel harzige Kiefern mit trockenem Adlerfarn als Unterholz) ein

SCHORNSTEIN SORGT FÜR DURCHZUG UND LÄSST RAUCH ABZIEHEN

STEINMAUER SPEICHERT WÄRME UND DIENT ALS STÜTZE FÜR ABZUGSHAUBE UND SCHORNSTEIN

GEWÄCHSHAUS

PETERLE

ROSMARIN

VEGETATION KANALISIERT DEN RAUCH

hohes Feuerrisiko darstellen, während dies bei anderen, etwa bei älteren Laubbäumen, weniger der Fall ist. Bestimmte Gewächse *(Sempervivens spp)* hat man früher auf den Dächern von Holzhäusern wachsen lassen, um das Risiko von sich ausbreitendem Feuer zu verringern und um sie als Isolierung zu nutzen.

Feuer ist aber auch eine nützliche Sache. Wir können uns zum Beispiel daran wärmen oder unser Essen darauf kochen. Außenmauern von Gebäuden, auf deren anderer Seite sich Kamine oder Schornsteine befinden, stellen warme Orte dar, die für die Zucht von empfindlicheren Pflanzen wie Weintrauben gut geeignet sind. Außerdem ist es eine große Freude, im Sommer draußen zu essen, sodass das Vorhandensein einer Grillecke mit Sitzmöglichkeiten und Tischen eine schöne Gelegenheit ist, der Göttin des Kochtopfes im Garten zu huldigen. Adäquate Platzierung bedeutet, dass Wind und Schatten mit in Betracht gezogen werden und dass versucht wird, einen Rauchabzug zu entwerfen, damit wir selbst und die Nachbarschaft so wenig wie möglich gestört werden.

Energie sparen

Ein gut gestalteter Garten ist ein Beispiel für absoluten Energiesparsinn. Wir wollen möglichst wenig arbeiten, möglichst viel Ertrag haben und möglichst wenig Abfall produzieren, um die Umwelt so wenig wie möglich zu verschmutzen.

Die Arbeit
O Sind die Werkzeuge dort gelagert, wo sie gebraucht werden, und können sie leicht an ihre Aufbewahrungsorte zurückgebracht werden, sodass sie wieder zu finden sind?

O Sind die Aufbewahrungsorte für Müll/Recyclingstoffe (draußen) und Brennstoff/Nahrungsmittel (drinnen) praktisch von der Küchentür zu erreichen?

O Wird Gründünger und Kompost/Laub dort aufbewahrt, wo diese Materialien weiterverwertet werden, um den Transportaufwand so gering wie möglich zu halten?

O Sind arbeitsintensive Pflanzen so platziert, dass sie leicht zugänglich sind? Setzen Sie all das in die Nähe des Hauses, was viel Aufmerksamkeit benötigt. Kräuter sollten zum Beispiel nicht weit von der Hintertür entfernt wachsen, und Weichobst sollte näher stehen, während Kartoffeln weiter entfernt sein können.

Räuberische Arten
O Haben Sie Strategien, die wenig Aufwand erfordern, um mit räuberischen Arten umzugehen?

O Werden die Schwachstellen des Systems, an denen Energie verlorengehen kann (Zäune/Dämme/Gewächshaustür usw.) regelmäßig überprüft, um Verluste zu vermeiden?

Die Elemente
O Sind die Bestandteile des Gartens so platziert, dass sie Sonne, Wind und Schatten optimal ausnutzen oder dass sie, falls nötig, vor ihnen geschützt werden?

O Ist die Gartengestaltung so optimiert, dass eine jahreszeitliche Fruchtfolge und folglich eine ganzjährige Produktivität garantiert ist?

O Sind Konstruktionen wie Lebensmittelspeicherplätze, Gewächshäuser und Folienschutze so gestaltet, dass sie maximale Produktqualität durch konstante Temperaturen gewähr-leisten, oder können sie, falls nötig, belüftet werden?

Das Wasser

O Nimmt das Bewässern sehr viel Zeit in Anspruch, oder ist der Garten so gestaltet, dass er sich so weit wie möglich selbst instand hält? Systeme für die Hühner- oder eine andere Tierhaltung sind hier mit einzubeziehen.

Weiterhin ist zu beachten, wie viel Energie dem Garten von außen zugeführt wird und ob sich nicht Wege ersinnen lassen, wie diese Energie intern produziert werden kann. Kann zum Beispiel Mist von außen durch Gründünger aus eigener Gartenproduktion ersetzt werden? Wenn der Garten irgendwelche Abfälle produziert, die zurzeit noch abgegeben werden, sollte man sich überlegen, ob es nicht Möglichkeiten gibt, diese Stoffe intern zu nutzen.

Viele Menschen werfen Holzschnitt fort, der jedoch einen wunderbaren Kompost oder Mulch darstellen könnte. Wenn es Ihnen nicht behagt, dass Holz länger braucht, um sich zu zersetzen, wäre eine spezielle Zerkleinerungsmaschine eine gute Anschaffung, um hartes Material schnell zu zerkleinern und den ganzen Prozess zu beschleunigen. Die Kosten könnten sich mehrere Gärtnerinnen und Gärtner der Nachbarschaft ja teilen.

Bei der Gestaltung des Gartens sollte beachtet werden, dass jene Dinge, die am häufigsten verrichtet werden, so nah wie möglich am Zentrum der Aktivitäten

Tabelle 9: Insektenabweisende Pflanzen

Einige Pflanzen verscheuchen schädliche Insekten und andere unerwünschte Gäste:

Wermut	Artemisia absinthum	M
Echter Beifuß	Artemisia vulgaris	M
Rainfarn	Chrysanthemum vulgare	M
(gegen Stubenfliegen)		
Lavendel	Lavendula spp	M
Tabak	Nicotiana tabacum	E
Großes Flohkraut	Pulicaria dysenterica	M
(beste Wirkung durch Verbrennen)		
Rhabarber	Rheum rhabarbarum	M
(Blätter verwenden)		
Rosmarin	Rosmarinus officinalis	M
Raute	Ruta graveolens	M
Mexikanische Studentenblume	Tagetes minuta	HH / E
(gegen Fadenwürmer / Quecke / Holder)		
Ausgebreitete Studentenblume	Tagetes patula	E
(gegen Weiße Fliegen / Fadenwürmer)		
Kapuzinerkresse	Tropaeolum minus und majus	E
(zieht Blattläuse an / von anderen Pflanzen weg)		

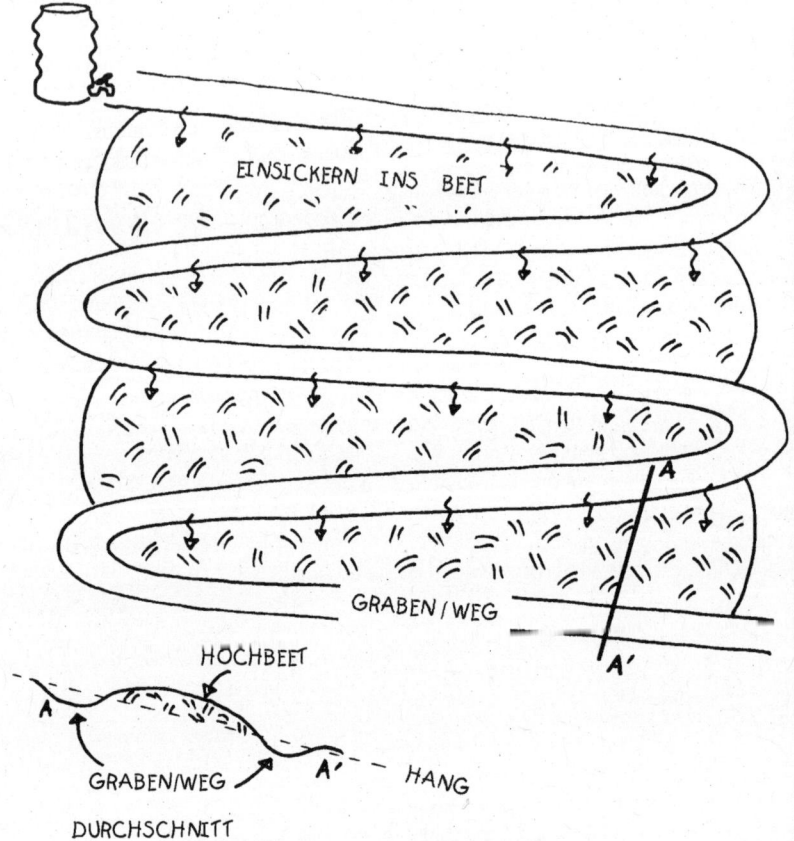

EINSICKERN INS BEET

A

A'

GRABEN / WEG

HOCHBEET

A

GRABEN/WEG

A'

HANG

DURCHSCHNITT

Hier sorgt ein Wassertank für eine Bewässerung, die entlang eines
leicht außerhalb der Höhenlinien angelegten Wegs verläuft.
Das laufende Wasser versickert bis zur Wurzelzone der Hochbeete –
eine mühelose Bewässerungsmethode für einen Großteil des Gartens.

(also bei Ihnen und Ihrem Haus) angesiedelt sind. Viele Leute, die das Glück haben, einen großen Garten zu besitzen, verlieren ihren Gemüsegarten am Ende des Grundstücks aus dem Auge und haben einen unproduktiven Rasen und Blumen an der Hintertür. Das Nebeneinandersetzen von Gemüse und Zierpflanzen kann sehr hübsch sein (ja, bei richtiger Behandlung sind viele Gemüsesorten selbst Zierpflanzen), und die Nähe zur Hintertür garantiert, dass sie mehr Aufmerksamkeit erhalten und so höhere und gesündere Erträge liefern.

Hänge und Höhenlinien

Wenn alles ein Vorzug ist, dann sollte ein Abhang im Garten auch aus dieser Perspektive betrachtet werden.

Wenn warme Luft nach oben steigt, dann sinkt kalte Luft folglich nach unten, sodass der Frost die Tendenz hat, sich abwärts zu bewegen. Sollte Ihr Garten frostanfällig sein, planen Sie eine Nutzung des Hangs ein, die die Eigenschaft des Frosts, abzufließen, vorteilhaft ausnutzt, sodass zartere Pflanzen vor Frost geschützt werden.

Ein Abhang bietet auch natürliche Bewässerungsgelegenheiten. Da Wasser dazu neigt, nach unten zu fließen, sollte es so weit oben wie möglich gelagert werden und dann langsam nach unten fließen können, anstatt einfach rasch fortgespült zu werden.

Sollte Ihr Boden zu schwer sein und zu viel Wasser speichern, kann ein Abhang dieses Problem eventuell lösen. In Richtung Sonne platzierte Wälle stellen eine sehr gute Möglichkeit zur Speicherung von Sonnenenergie dar, da sie aufgrund ihres Winkels maximale Wärme und Lichteinstrahlung auffangen. Sie benötigen allerdings auch besondere Schutzmaßnahmen gegen lang andauernde trockene und heiße Perioden. Schattige Abhänge hingegen sind am besten für Pflanzen geeignet, die solche Bedingungen mögen, sowie zur Gestaltung kühler Aufenthaltsorte für den Sommer.

Wenn auch das Gärtnern am Hang manchmal nach harter Arbeit aussieht, bringt es viele Vorteile, denn die Hanglage ermöglicht es der einzelnen Pflanze, mehr Licht zu bekommen. Bestimmte Früchte wie etwa Weintrauben gedeihen am besten auf sonnigen Hügeln, bei denen das Wasser gut ablaufen kann.

Noch einfacher sind Flächen an einem Hang zu bearbeiten, wenn Terrassen gebaut werden. Es gibt verschiedene Methoden der Terrassierung, die im Kapitel »Der Erde Form geben« (S. 88 ff.) näher erläutert werden. Terrassen können auf der Höhenlinie (d. h. ebenerdig) oder außerhalb der Höhenlinie (d. h. mit leichter Abwärtsneigung) angelegt werden. Ebenerdige Terrassen sind optimal, wenn Erosion oder Wasserverlust verhindert werden sollen. Terrassen mit leichter Abwärtsneigung bieten Wasser- und Frostabflussmöglichkeiten und ermöglichen es, dass Wege und Wasser eine maximale Wegstrecke bis nach unten zurücklegen können. Der Vorteil der Terrassen besteht darin, dass sie mehr Gelegenheiten zur Ausnutzung des Randeffekts bieten. Ein sich am Hügel herunterwindender Pfad kann so angelegt sein, dass er ein vielfältiges Mikroklima hat und folglich viele verschiedene Wachstumsmöglichkeiten bietet.

Zugang

Zugang ist ein Aspekt, der möglichst früh in die Gartengestaltung integriert werden sollte ebenso wie Wassersysteme. Sie möchten sicherlich nicht mühsam gepflegte Bäume fällen, nur weil Sie sich später dafür entschieden haben, genau an dieser Stelle einen Weg anzulegen. Ein viel begangener Boden verdichtet sich außerdem und eignet sich nicht mehr so gut als Wachstumsraum. Zugangswege können als Bewässerungskanäle einen doppelten Nutzen erhalten.

Eine Auswirkung von Wegen und Straßen ist, dass sie die zentrale Zone der Aufmerksamkeit erweitern, da sie viel benutzt werden. Wegränder werden zu Orten, wo solche Pflanzen gesetzt werden können, die viel Aufmerksamkeit benötigen, zum Beispiel Salate, Kleinobst und Kräuter. Das Einsammeln der guten Ernte kann so zu einem netten Spaziergang mit einem Korb in der Hand werden und viel Freude bringen, wenn wir uns dabei die jahreszeitlichen Veränderungen anschauen.

Der Zugang sollte so gestaltet sein, dass er für alle beabsichtigten Zwecke breit genug, flach genug und glatt genug ist. Das heißt, dass Rollstühle, Schubkarren, Kinderwagen und Buggys eingeplant werden, nicht nur Spaziergänger und Bergziegen. Die Oberflächen sollten so wenig Instandhaltungsarbeit kosten wie möglich. Eine gute Methode ist die folgende: obere Erde abgraben und sie auf die anliegenden Beete verteilen. Kunststoffstücke auf die Erde legen, sodass Wildkraut schlecht durchdringen kann; das Ganze so formen, dass eine Wölbung am Rand des Wegs entsteht. Den Weg mit Materialien wie zerstoßenem Schutt, Splittern oder Rinde bedecken, durch die Wasser gut abfließen kann, aus denen Unkraut leicht entfernt werden kann und die eine feste, tragfähige Oberfläche ergeben. Feiner Maschendraht, der über Holzspäne gespannt wird, verleiht dem Weg eine gute Bodenhaftung für Rollstühle. Diese Methode ist außerdem gut dafür geeignet, auf Holzstufen und Holzbrücken für eine bei Nässe weniger rutschige Oberfläche zu sorgen.

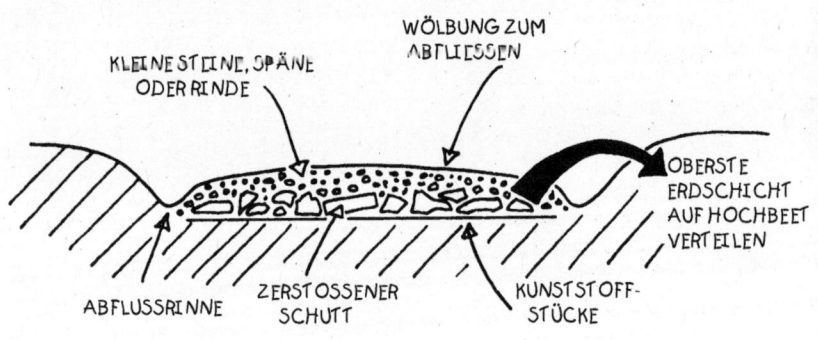

KLEINE STEINE, SPÄNE ODER RINDE

WÖLBUNG ZUM ABFLIESSEN

OBERSTE ERDSCHICHT AUF HOCHBEET VERTEILEN

ABFLUSSRINNE

ZERSTOSSENER SCHUTT

KUNSTSTOFF-STÜCKE

Durchschnitt durch einen Weg

Hilfreiche Techniken

In ihrer Fülle und in ihrem Reichtum sorgt
die Natur für die Ernährung des Menschen
mit einer erstaunlichen Üppigkeit.

J. SHOLTO DOUGLAS, ALTERNATIVE FOODS, 1978

Der Permakultur-Garten soll einerseits hochproduktiv sein und andererseits so wenig Arbeit wie möglich beanspruchen. Diese Bedürfnisse erscheinen vielleicht widersprüchlich, aber es gibt viele Techniken, die hier hilfreich sein können. Durch das Ausprobieren der hier beschriebenen Ideen können Gärtnerinnen und Gärtner ihre eigene Fähigkeit zur Entwicklung solcher Ansätze erweitern. Dadurch wird es einfacher, ähnliche Ideen, die in anderen Gärten aktiv sind, zu erkennen und sie den eigenen Bedürfnissen anzupassen.

Minimaler Arbeitsaufwand

Der Gedanke, dass das Gärtnern so wenig Arbeit wie möglich machen sollte, ist nicht einfach nur eine Lösung für faule Leute. Es ist ein Hauptkennzeichen für das Verständnis, dass ökologische Schäden normalerweise das Resultat menschlichen Eingriffs sind. So wenig wie möglich in die Natur einzugreifen, ist daher die beste Methode, wenn man etwas für die Umwelt tun will. Und dies gilt nirgends so sehr wie im Garten.

Auf die Spitze getrieben bedeutet diese Idee, dass man überhaupt nichts mehr im Garten tut. Was würde passieren? Stellen wir uns vor, wir fangen mit einem gepflegten Grundstück an. Die Pflanzen, die bereits da sind, würden zunächst weiterwachsen. Allmählich würden die Wildkräuter überhand nehmen. Warum? Weil das ihre Bestimmung ist. Wildkräuter sind Pflanzen, die bestimmten Verhältnissen angepasst sind. Sie wachsen nicht isoliert, sondern als Gemeinschaften. Wildkräuter, die den Rand einer Marsch bevorzugen, unterscheiden sich sehr von den Wildkräutern, die auf kalkigem Hochland oder in Tälern mit tonhaltigen Böden zu finden sind.

Wenn Sie genug über die Vorlieben und Abneigungen von Pflanzen wissen, können Sie die Bodenbedingungen »lesen«, indem Sie einfach beobachten, welche Wildkräuter an der betreffenden Stelle gedeihen. Die Wildkräuter, die in einem unbearbeiteten Garten erscheinen, sind normalerweise solche, die den lokalen Boden- und Klimabedingungen bestens angepasst sind. Ihre spezielle Aufgabe in der Ökologie Ihres Gartens besteht darin, die nackte Erde zu bedecken (weshalb sie so üppig wachsen) und den Boden so zu ernähren, dass er für die nächste Phase der Sukzession bereit ist.

Die Natur ist niemals statisch. In der Wildnis befindet sich jede Form der Bodenbedeckung in einem Veränderungs- und Evolutionsprozess. Eine mit Wildkräutern übersäte Wiese, die dadurch entstanden ist, dass der Rasen eine Weile nicht gemäht wurde, würde sich innerhalb von drei oder vier Jahren in Gebüsch verwandeln. Innerhalb von zehn oder fünfzehn Jahren würde aus dem Gebüsch ein bewaldetes Gebiet, aus dem innerhalb der Lebenszeit eines Menschen ein hoher Wald entstünde. Ein sich selbst überlassener Garten ist höchst produktiv – jedenfalls aus der Perspektive der Wildnis. Vielleicht bringt er auch wilde Früchte, Nüsse und Kräuter für den Kochtopf ein, was jedoch im Vergleich mit der Intensität, die wir normalerweise im Garten zu produzieren wünschen, unbedeutend ist. Aus diesem Grund wollen die meisten Leute in den Garten eingreifen. Die Philosophie der Inaktivität ist jedoch sehr nützlich: Sie gibt uns Zeit und Gelegenheit, zu beobachten, wie die Natur arbeitet, wenn sie sich selbst überlassen ist.

Wenn Sie den Mut dazu haben, können Sie sehr viel über ein neues Grundstück lernen, indem Sie ein Jahr lang nichts tun und einfach nur beobachten, wie die Jahreszeiten unterschiedlich darauf einwirken. Wenn Sie herausfinden, wo länger Frost herrscht oder in welche Ecken die späte Nachmittagssonne noch dringt, könnte Ihnen später mancher Ärger erspart bleiben, wenn sich etwa herausstellen sollte, dass Sie falsch gepflanzt haben.

Mit der Absicht in den Garten zu stürzen, dort erst einmal richtig »aufzuräumen«, könnte bedeuten, dass etwas entfernt wird, dessen Bedeutung man gar nicht ganz erfasst hat. Neulich versetzte ich einen Strauch der Sorte *Viburnum bodnantensee* von einem dunklen Rand neben einem bewaldeten Gebiet, wo er nicht gesehen werden konnte, an einen geschützten Winkel neben einer Mauer. Im Winter ging er ein. Der Waldrand war viel wärmer als die Steinmauer, die in Frostnächten Kälte ausstrahlt. Hätte ich genauer hingesehen und besser nachgedacht, wäre der Strauch gerettet worden.

Ein hoch aufgeschossener, dürrer, alter Busch, der nicht besonders hübsch anzusehen ist, könnte zum Beispiel ein ausgezeichneter Windschutz sein. Ein reifes Beet umzugraben, könnte eventuell die Bodenstruktur schädigen. Einen Rasen zu früh zu mähen, könnte eine eventuell vorher angelegte Zwiebelpflanzung vernichten oder Sie einer wunderbaren Ernte an Wiesenblumen berauben.

Wenn Sie schließlich dennoch zur Aktion schreiten, beobachten Sie, wie Sie sich dabei fühlen. Ist es schwere Arbeit? Bekommen Sie Rückenschmerzen? Gibt es einen bestimmten Arbeitsgang, der Ihnen absolut nicht behagt? Dann muss es eine einfachere Möglichkeit geben. Und Sie sind die Person, die das herausfinden kann.

Mehrjährige Gemüsepflanzen

Pflanzen lassen sich in drei Kategorien einteilen: einjährige, zweijährige und mehrjährige. Einjährige Pflanzen werden aus Samen gezogen, erzeugen wiederum Samen und gehen innerhalb eines Jahres ein. Zweijährige Pflanzen benötigen zwei (manchmal auch drei) Jahre, um den gleichen Zyklus zu vollenden. Mehrjährige Pflanzen bestehen eine Reihe von Jahren; wie viele Jahre sie im Einzelnen leben, hängt von der Art und dem Ort, an dem sie wachsen, ab.

Bei der Planung des Permakultur-Gartens ist es äußerst wichtig, den mehrjährigen Pflanzen eine besondere Stellung einzuräumen. Langlebige Pflanzen auszusuchen steht logischerweise im Einklang

> **Die meisten Kräuter und viele essbare wilde Pflanzen sind mehrjährig.**

mit jedweder Philosophie einer langfristigen Planung.

Mehrjährige Gemüsepflanzen ersparen uns Arbeit, da sie nicht jedes Jahr neu gepflanzt werden müssen. Und weil sie sich lange Zeit am selben Ort befinden, kommt noch als weiterer Nutzen hinzu, dass sie erheblich zur Fruchtbarkeit des Bodens beitragen. Da sie Zeit haben, lange Wurzelstrukturen auszubilden, können sie Mineralien abbauen, die sich sehr tief im Boden befinden und lebenswichtig für die Gesundheit der Pflanze sind.

Sie absorbieren diese gelöste Pflanzennahrung durch ihre Wurzeln und tragen sie mit Hilfe der Struktur ihrer Zellen an die Oberfläche. Diese neu gefundene Nahrung wird dann in Form von Laubfall der obersten Erdschicht verfügbar gemacht. Ein Teil wird natürlich als Gemüse geerntet. Ein anderer Teil wird der Erdoberfläche wieder als Mulch oder Kompost aus Garten- und Küchenabfällen zugeführt.

Dauerhafte Pflanzen führen außerdem dazu, dass Menschen, die gewohnheitsmäßig umgraben, von dieser Marotte abgehalten werden; auf diese Weise tragen diese Gewächse auch zur Fruchtbarkeit des Bodens bei, denn sie halten eine offene Bodenstruktur mit viel Raum für Poren und Humus aufrecht. Beides, Poren und Humus, unterstützt den Boden bei der Speicherung von Wasser und Luft. Eine Auswahl zu treffen, welche mehrjährigen Pflanzen gesetzt werden sollen, ist wichtig: Eine Hecke, die besonders gierig ist und viel Licht wegnimmt, könnte es zum Beispiel anderen Pflanzen fast völlig unmöglich machen, in ihrer Umgebung zu wachsen!

Dass die Betonung hier auf mehrjährigen Pflanzen liegt, heißt aber nicht, dass der Permakultur-Garten nicht auch einjährige Pflanzen kennt. Die mehrjährigen Gewächse sorgen einfach nur für einen dauerhafteren Rahmen, in den die einjährigen Pflanzen eingefügt werden können.

Tabelle 10: Einige essbare mehrjährige Pflanzen

Essbare mehrjährige Pflanzen beinhalten alle früchtetragenden Bäume und Sträucher sowie folgende Arten:

Schnittlauch	Allium spp	M
Schalotte	Allium ascalonium	M
Winterzwiebel	Allium fistulosum	M
Bambus	Arundaria fastuosa	M
Spargel	Asparagus officinalis	M
Artischocke	Cynara scolymus	M
Topinambur	Helianthus tuberosus	M
Liebstöckel	Levisticum officinale	M
Wilde Malve	Malva sylvestris	M
Blattähre	Phyllostachys spp	M
	(bes. P. sulphurea, P. verdi glaucescens)	

Mulchen

Die beste langfristige Strategie für einen fruchtbaren Boden besteht im Mulchen der Erdoberfläche. Dies ist der Prozess, die nackte Erde zu bedecken. Mulchen kann man zum Beispiel mit haltbaren Materialien wie schwarzem Plastik, das gut dafür geeignet ist, Feuchtigkeit im Boden zu speichern und Wärme zu absorbieren. So wird der Boden im Frühling schneller warm und die jungen Pflanzen gedeihen schneller. Plastik trägt jedoch nicht zur Ernährung des Bodens bei. Das Mulchen mit organischen Materialien, die sich zersetzen und das Leben im Boden nähren, hat langfristig eine größere Wirkung.

Das Mulchmaterial in den Boden unterzugraben, ist kontraproduktiv. Im lebendigen Boden sind große Wurmbestände und andere winzige Lebewesen enthalten, die nur dadurch gedeihen, dass sie das ganze Material selbst nach unten tragen, in ihre eigenen Lebenszyklen integrieren und in Humus umwandeln. Stellen Sie sich das Mulchen als eine Arbeit vor, die nachempfindet, was Bäume im Herbst tun, nämlich ihre nahrhaften Überbleibsel auf dem Boden des Waldes zu verteilen. Wir müssen uns das so vorstellen, dass wir das Leben im Boden füttern. Sie würden einen Hund niemals zwangsernähren, wenn Sie möchten, dass er sich anständig verhält, sondern Sie lassen ihn selbst zum Napf gehen. Dasselbe gilt auch für das Bodenleben.

Mulchen schützt den Boden vor Wasserverdunstung bei heißem Wetter. Zusätzlich zu seiner Eigenschaft, Wasser als Folge der Humusentwicklung zu speichern, hat es noch einen weiteren Vorteil im Kampf um ausreichende Feuchtigkeit für die Pflanzen, wodurch Bewässerungsarbeit eingespart wird. Es hat den zusätzlichen Nutzen, den Bedarf an wertvollem, geklärtem Wasser zu senken, das sonst auf das Grundstück gepumpt werden müsste. Viele Länder der kühlen Klimazonen haben in den letzten Jahren unter schweren Dürreperioden gelitten, weshalb jedes Mittel zur Reduzierung des künstlichen Bewässerungsbedarfs einfach gut sein muss!

Sollte sich das Wetter ins andere Extrem verkehren und sintflutartigen Regen bringen, schützt der Mulch die Bodenstruktur vor Schäden und verhindert Erosion. Seine faserige Beschaffenheit ist ideal, um überschüssiges Wasser aufzusaugen.

Zudem neigt der Mulch dazu, die Bodentemperatur auf einem gleichmäßigeren Niveau zu halten, als dies bei nackter Erde der Fall wäre. Das ist besonders wichtig, wenn beständige Wuchsbedingungen für junge Pflänzchen aufrechterhalten werden müssen.

Geeignete Materialien für das Mulchen sind zum Beispiel Stroh, Grasschnitt, Laubhumus und Rindeschnitzel. In der Praxis kann jede organische Materie verwendet werden. Einige sind ansehnlicher als andere. Wenn etwa Küchenabfälle direkt an die Erdoberfläche zurückgegeben werden, kann man dies mit einigen Handvoll Grasschnitt bedecken, damit alles ordentlich aussieht.

Einige Gärtnerinnen und Gärtner meinen, der Mulch ziehe Nacktschnecken und andere Schädlinge an. Der Mulch selbst tut dies nicht. Wenn solche Tierchen vorhanden sind, nutzen sie die Bedeckung wahrscheinlich aus, für den Gesamtzustand des Gartens ist jedoch ausschlaggebend, ob Schädlinge überhaupt anwesend sind. Nacktschnecken sind ein Zeichen für feuchte Bedingungen und Säure. Ein angemessenes Wasservorkommen und leichte Säure sind jedoch Hinweise für

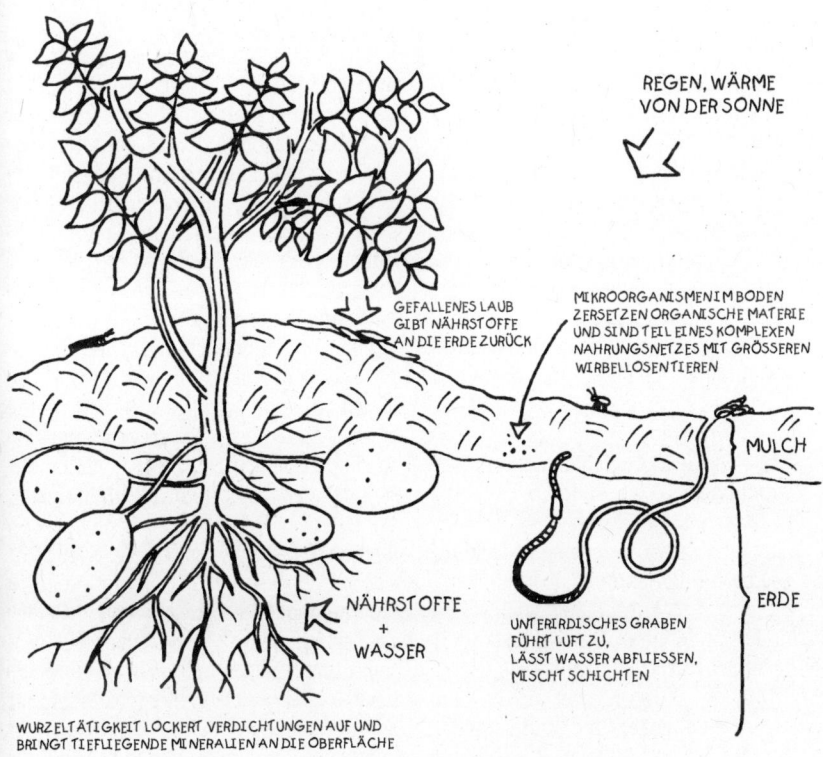

REGEN, WÄRME
VON DER SONNE

GEFALLENES LAUB
GIBT NÄHRSTOFFE
AN DIE ERDE ZURÜCK

MIKROORGANISMEN IM BODEN
ZERSETZEN ORGANISCHE MATERIE
UND SIND TEIL EINES KOMPLEXEN
NAHRUNGSNETZES MIT GRÖSSEREN
WIRBELLOSENTIEREN

MULCH

NÄHRSTOFFE
+
WASSER

ERDE

UNTERIRDISCHES GRABEN
FÜHRT LUFT ZU,
LÄSST WASSER ABFLIESSEN,
MISCHT SCHICHTEN

WURZELTÄTIGKEIT LOCKERT VERDICHTUNGEN AUF UND
BRINGT TIEFLIEGENDE MINERALIEN AN DIE OBERFLÄCHE

Ein gesunder Boden ist ein lebendiger Zyklus der gegenseitigen Abhängigkeit.

sehr gute Wachstumsbedingungen; die meisten Gemüsepflanzen gedeihen auf solchem Boden. Wenn der Garten eine ausgeglichene Population aus Pflanzen und Tieren aufweist, richten Schnecken nur wenig Schaden an (siehe auch S. 47 f.).

Eine Möglichkeit, den Garten in einem gesunden Zustand zu halten, besteht darin, viele Kräuter und Blumen überall auf dem Grundstück verteilt anzupflanzen, da so eine Reihe von wilden Tierchen (u.a. Insekten) angezogen werden, welche die Kreisläufe der Natur im Gleichgewicht halten. Ein Gemüsegarten ohne Blumen ist eher anfällig für Schädlingsbefall, ebenso wie ein Hektar unaufgelockerter Rosen-

büsche. Je größer die Zielscheibe, umso einfacher haben es Krankheiten oder unwillkommene Gäste!

Die beschriebenen Mulchsysteme beanspruchen jedoch immer noch eine Menge Arbeit, wenn es um das Sammeln und Auftragen der Materialien geht. Auch wenn es schon besser für den Boden (sowie für den Rücken) ist als Umgraben und Unkrautjäten, gibt es doch noch ein höheres Ziel: den sich selbst mulchenden Garten.

Bodenbedeckung

Betrachten wir das Mulchen als Zwischenstation auf dem Weg zu einer ständigen lebendigen Bodenbedeckung. Als Ziel behalten wir einen Garten vor Augen, in dem jeder Zentimeter Boden mit wachsenden Pflanzen bedeckt ist.

Wenden Sie das Mulchen gezielt an,

○ um frisch abgeräumten Boden zu schützen,

○ um Wildkraut beim Anlegen von Beeten auf zuvor nicht bearbeitetem Boden zu unterdrücken,

○ um die Bodenstruktur aufzubauen,

○ um mehrjährige Pflanzen, die im Winter etwas zurückgehen, zu schützen und zu nähren,

○ um die Erde zwischen dem jährlichen Fruchtwechsel zu schützen.

Das Prinzip der ständigen Bodenbedeckung ist, wie bei der Behandlung des Mulchens bereits erwähnt wurde, sehr wichtig. Es verhindert unnötigen Wasserverlust durch Verdunstung von der Bodenoberfläche und macht die Erde den Auswirkungen von Dürreperioden gegenüber widerstandsfähiger. Es verhindert auch Ausspülung bei starken Regengüssen und Erosion von trockener Erde bei heftigem Wind.

In der Natur gibt sich die Erde niemals unbedeckt; warum sollten wir sie dann kahl lassen?

Ein Grundstück mit lebendiger Bodenbedeckung produziert einen höheren Ertrag als eine Bedeckung aus »totem« Mulch. Erdbeeren sind zum Beispiel ein sich sehr schnell selbst ausbreitender lebendiger Mulch; obendrein hat man dann noch die Früchte. Ein junges Erdbeerbeet könnte zum Beispiel in einem Strohmulch angepflanzt werden. Während sich das Beet entwickelt, verrottet das Stroh langsam zu Erde, aber die wachsenden Erdbeerpflanzen bedecken stattdessen die Oberfläche.

Klee und andere Leguminosen speichern Stickstoff und schützen gleichzeitig den Boden. Überhandnehmende Bodendecker werden einfach mit der Heckenschere zurückgeschnitten und als Gründünger liegen gelassen. Auf einem Grundstück, das für eine Weile kahl bleiben soll, kann Gründünger gesät werden, um die Erde in der Zwischenzeit zu nähren und zu schützen.

Wenn man eine Weile so mit Böden gearbeitet hat, empfindet man kahle, gejätete Erde als eine Art beginnende Wüste. Die Unfruchtbarkeit des gewohnheitsmäßig gejäteten Gartens ist dann von einer maschinellen Geometrie, die man nicht mehr schön finden kann. Wenn Sie Ihren Garten unter einer 10 cm dicken Schicht Stroh begraben haben, denken Sie vielleicht noch am ersten Tag, dass Sie ein heilloses Durcheinander vor sich haben. Mit der Zeit spricht jedoch der Nutzen für sich selbst und Ihre Vorstellungen von Ordentlichkeit ändern sich. Außerdem dauert das anfängliche Chaos nicht länger als ein oder zwei Jahre; dann wird der Boden gut mit Pflanzen bestückt sein.

Ein Freund sagte mir, er habe »sein Gras auf Bodenaufbaufunktion umgestellt«, womit er meinte, dass er mit dem Rasenmähen aufgehört hatte. Die natürliche Wiese mit wilden Blumen, auf die später – als er Zeit dazu hatte – Mulchbeete folgten, war viel schöner und fruchtbarer als es ein Rasen mit dem Aussehen eines Billardtisches jemals gewesen ist.

Liebet euren Boden und er wird es euch reich belohnen.

Fruchtwechsel und Fruchtfolge

Fruchtwechsel ist das Prinzip, dass dasselbe Gewächs nicht ewig auf derselben Stelle angepflanzt werden soll. Gewechselt wird aus Gründen der Bodengesundheit und die meisten Fruchtwechsel folgen einem drei- oder vierjährigen Zyklus. Kartoffeln, Bohnen, Kohlpflanzen und Wurzelgemüse können in aufeinander folgenden Jahren gepflanzt werden. Indem ein Grundstück in vier Viertel aufgeteilt wird, auf denen man jeweils eine der Pflanzen nach dem Fruchtwechselprinzip anbaut, kann jede Pflanze jährlich geerntet werden. Die verschiedenen Böden leiden viel weniger unter Verlusten bestimmter Nährstoffe und ziehen weniger Krankheiten oder Schädlinge an.

Beim ökologischen Anbau ist das Wissen, dass Fruchtwechsel gut für den Boden sind, fest verankert. Es bedeutet im Grunde nur, dass wir es einer Pflanzensorte nicht erlauben, auf demselben Stück Gartenfläche Jahr für Jahr zu wachsen. Meistens bezieht sich dieses Prinzip auf einjährige Pflanzen, obwohl es auch bei mehrjährigen Pflanzen am Ende ihres Lebens der Anwendung wert ist; dies kommt jedoch seltener vor. Ersetzen Sie zum Beispiel nicht einen Apfelbaum durch einen anderen Apfelbaum.

Nach Kartoffeln sollen also nicht wieder Kartoffeln gepflanzt werden. Wenn die Zeit des Kohls vorüber ist, setzen Sie keine weitere Pflanze der *Brassica*-Gattung an dieselbe Stelle. Wenn erschöpfte Himbeergewächse ersetzt werden sollen, suchen Sie einen anderen Standort für die neuen Pflanzen. Es gibt einige gute Gründe für diesen Ansatz.

Wenn dieselbe Pflanze auf derselben Stelle immer wieder auftaucht, wird sie

> *Such' dir einen Garten!*
> *Welcher Art ist ganz egal.*
> *Ist die Erde auch leicht,*
> *krümelig, sandig und heiß*
> *Oder schwer und reich*
> *an festem Ton;*
> *Liegt er auf einem Berg, oder*
> *senkt er sich der Ebene entgegen,*
> *Oder versinkt er in einem*
> *überwachsenen Tal –*
> *Verzweifle nicht, er ist gut genug,*
> *dass Gemüse drin wachsen kann!*
> *WALAFRID-STRABO, HORTULUS*
> *(DE CULTURA HORTORUM), 9. JH.*

von Schädlingen und Krankheiten angegriffen, wobei manche sehr schwer zu eliminieren sind. Die Sporen der Kohlhernie (welche die *Brassica*-Pflanzen befällt) können leicht bis zu acht oder mehr Jahren im Boden überleben; wir möchten sie also von vornherein lieber vermeiden.

Zweitens benötigt jede Pflanze eine bestimmte ausgewogene Nährstoffzufuhr. Dieselbe Pflanze auf demselben Boden anzupflanzen, würde den Nährstoffvorrat, den gerade diese Pflanze benötigt, erschöpfen. Kartoffeln benötigen zum Beispiel besonders viel Kali. Die Kartoffelernte würde sich von Jahr zu Jahr in Volumen und Qualität reduzieren, da das vorhandene Kali langsam abgebaut wird. Bestimmte Pflanzen geben der Erde ihre positiven Kräfte zurück, weshalb eine ausgewogene Planung auch bedeuten kann, dass jede Gemüsesorte zum Wachstum der auf sie folgenden Sorte beiträgt.

Wenn wir die Natur jedoch als unser Modell nehmen, wie eingangs gesagt wurde, stellt sich die Frage, ob denn die Natur selbst auch eine Art Fruchtwechsel betreibt. Die Antwort lautet nein. Jedenfalls

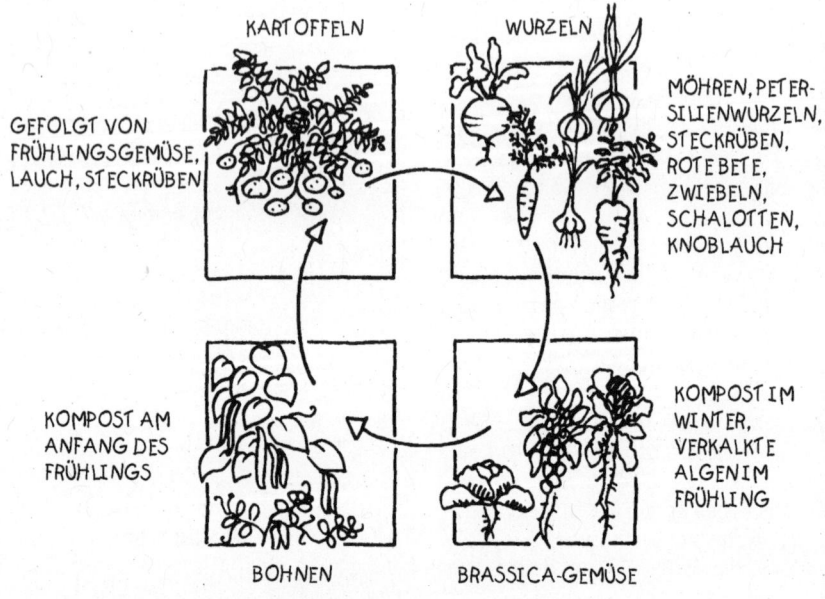

KARTOFFELN

WURZELN

GEFOLGT VON
FRÜHLINGSGEMÜSE,
LAUCH, STECKRÜBEN

MÖHREN, PETER-
SILIENWURZELN,
STECKRÜBEN,
ROTE BETE,
ZWIEBELN,
SCHALOTTEN,
KNOBLAUCH

KOMPOST AM
ANFANG DES
FRÜHLINGS

KOMPOST IM
WINTER,
VERKALKTE
ALGEN IM
FRÜHLING

BOHNEN

BRASSICA-GEMÜSE

Traditioneller ökologischer Fruchtwechsel

nicht auf die Art und Weise, wie sie von ökologischen Gärtnerinnen und Gärtnern praktiziert wird.

In der Natur ist jede Pflanze für eine bestimmte Rolle zugeschnitten. Jeder Bestandteil des Bodens befindet sich in einem ständigen Veränderungsprozess. Der Aufbau der Flora erfolgt bekanntlich durch Sukzession. Stellen wir uns dazu als Beispiel ein gepflügtes, brachliegendes Feld vor. Zuerst kommen die Wildkräuter. Ihre Samen befinden sich bereits im Boden und es werden weitere Samen von Tieren oder vom Wind dorthin getragen. Die ersten Wildkräuter sind üppige Bodenbedecker wie Klee, Sternmiere und Erdrauchgewächse.

Als Nächstes folgen Pflanzen wie Distel und Ampfer, die den Boden mit ihren tiefen Wurzeln auf die nächste Stufe vorbereiten. Auf diese folgen die ersten Sträucher –

Blaubeere, Holunder und Dornenbüsche sind hier typische Vertreter. .

Mit der Zeit tauchen Bäume zwischen den Sträuchern auf und es entsteht langsam ein Wald. Ohne Eingriff des Menschen läge der größte Teil Europas unter einer tiefen Waldschicht. Einige Gegenden hingegen würden sich zu Savannen oder Prärien entwickeln, während in den Gebieten in der Nähe der Pole und in Gebirgszonen eher Tundra oder alpine Landschaft vorherrschen würde. Doch selbst ein ausgewachsener Wald ist keine statische Lösung. Die Vorstellung, dass eine bestimmte Landschaft ihren »Höhepunkt« als Laubwald erreicht, ist ein weiterer Versuch, die dynamischen Prozesse der Natur künstlich festzulegen. Mit der Zeit sterben sogar Eichen und werden von Graslichtungen abgelöst oder es entsteht wieder eine Strauchlandschaft.

Sie fragen sich vielleicht, wie Sie Ihrem hundert Quadratmeter großen Hausgarten die Sukzession zu einem hohen Wald ermöglichen können. Keine Angst. Hier wird nicht vorgeschlagen, dass Sie die Bearbeitung des Gartens völlig aufgeben sollten! Wenn Sie möglichst viel Wildnis im Garten haben wollen und es Ihnen nichts ausmacht, wenn sich die Nachbarn beschweren, wäre dies sicherlich eine Möglichkeit. Hier soll jedoch ein System der aktiven Gartenbearbeitung vorgestellt werden. Für die Bodengesundheit, die durch Fruchtwechsel aufrechterhalten wird, sorgen Sie dabei mit Ihrem Gartenentwurf und mit Hilfe einer organisierten Fruchtfolge.

Ob dies erreicht werden kann, hängt vom gewünschten Ertrag des Grundstücks und von dem vorhandenen Platz für die Produktion dieses Ertrags ab.

Das folgende Beispiel ist besonders passend für große, unüberschaubare Gärten, wie man sie oft bei englischen Stadthäusern aus der viktorianischen Zeit findet. Solche Grundstücke bereiten den Besitzern, die sich damit abmühen, die Wildnis einigermaßen unter Kontrolle zu bekommen, oft große Kopfschmerzen.

1. Jahr

Rasenfläche (drei bis zehn Quadratmeter) durch Auflegen einer dicken Mulchschicht umfunktionieren. Anbau: Frühkartoffeln, die im Frühling gesetzt werden, gefolgt von Senf; als Gründünger schneiden. Im Herbst mit winterharten Saubohnen bepflanzen.

2. Jahr

Rund um die jungen Bohnenpflanzen Mulchrückstände wegrechen und winterharte Salatmischung aussähen – Ringelblume, ganzjähriger Blattsalat, Endivie, Winterkresse, Radieschen usw. Dünne Mulchschicht ausbringen. Den Bohnen und Salatsamen muss es möglich sein, durch den Mulch zu wachsen. Die Bohnen im Frühsommer (wenn sie reif sind) ernten; Salate immer wieder pflücken.

Obstbaumpflanzungen für den Herbst planen und die gewählten Sorten bestellen. Abräumen der verbliebenen Gemüsepflanzen am Ende des Sommers, Wildkraut zupfen und Pflanzen auswählen, die wiederbenutzt werden können. Falls nötig, in ein Anzuchtbeet verpflanzen. Mulch ausbringen oder Senf sähen, bis Bäume gepflanzt werden können. Obstbäume mit genügend Zwischenraum im Herbst pflanzen. Ganz junge Obstbäumchen kaufen. Bei kleinen Sorten genügen drei Meter Abstand. Baumpflanzstellen erhöhen, sodass kleine Hügelbeete entstehen; dazwischen kleine Wege anlegen. Beim Anlegen der Wege (zugleich Abflussmöglichkeiten) ausgehobene Erde zum Aufbau der Beete benutzen. Fruchttragende Sträucher zwischenpflanzen. Sie können als Stecklinge gesetzt werden. Der Boden ist nun locker bepflanzt, da die Bäume noch sehr jung sind. Im Herbst Erdbeeren, Winterkresse, Klee, Gänseblümchen und Kräuter als ständige Bodenbedecker (wieder) anpflanzen. Verbleibende freie Stellen mit Wintergemüse bepflanzen. Um alle Pflanzen herum Mulch ausbringen.

3. Jahr

Streben Sie eine Entwicklung der Beete hin zu einem Waldgarten an. Das beinhaltet produktive Bäume mit Zwischenpflanzungen von Gemüsepflanzen und genügend Leguminosen und Gründüngerpflanzen, sodass der Garten sich selbst mit Nährstoffen versorgen kann. Eine ständige Anwesenheit von Spinat zieht

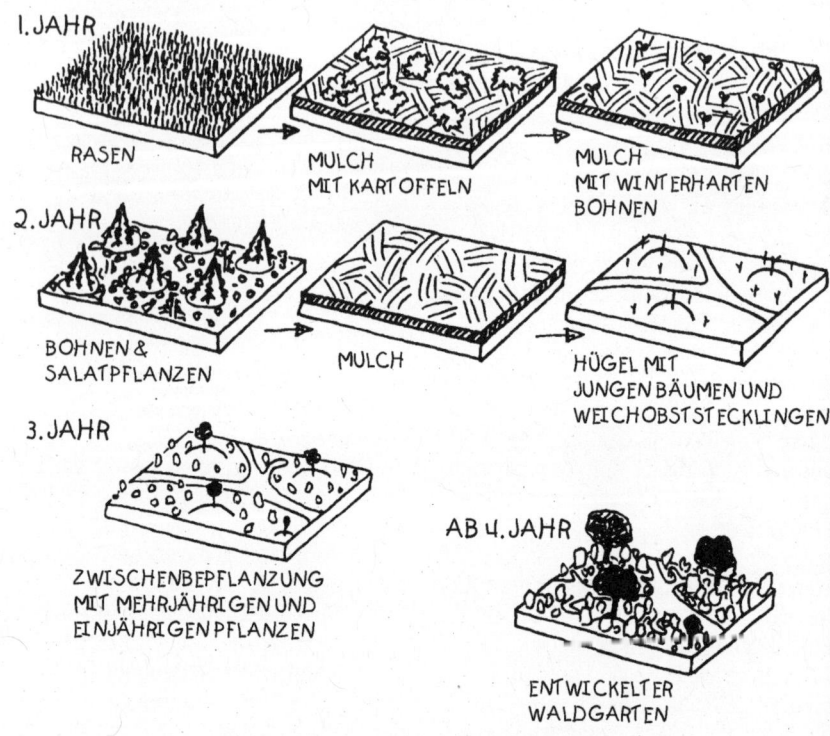

1. JAHR

RASEN → MULCH MIT KARTOFFELN → MULCH MIT WINTERHARTEN BOHNEN

2. JAHR

BOHNEN & SALATPFLANZEN → MULCH → HÜGEL MIT JUNGEN BÄUMEN UND WEICHOBSTSTECKLINGEN

3. JAHR

ZWISCHENBEPFLANZUNG MIT MEHRJÄHRIGEN UND EINJÄHRIGEN PFLANZEN

AB 4. JAHR

ENTWICKELTER WALDGARTEN

Durch organisierte Fruchtfolge entwickelt sich ein
hochproduktiver Garten, der wenig Arbeit beansprucht.

viele nützliche Insekten an und sorgt für vitaminreiches Gemüse; Überschüsse können abgeschnitten und als Gründünger liegengelassen werden. Stechginster und andere Ginstersorten sowie Lupinen sind attraktive mehrjährige Pflanzen, deren zuweilen farbenprächtige Blüten Stickstoff speichern und die umgebenden Pflanzen damit versorgen. Sollten sie überhand nehmen, einfach zurückschneiden und zerschnitten als Gründünger verwenden, der zum Beispiel als Mulch wieder auf die Erde gebracht wird.

Einige Stellen zwischen den mehrjährigen Pflanzen sollten für einjährige Gemüsesorten wie Wurzelgemüse, Salatpflanzen oder Gemüse der Gattung *Brassica* freigehalten werden; diese in kleinen gemischten Gruppen und nicht in großen Monokulturbeeten anpflanzen. Achten Sie darauf, dass genügend blühende Pflanzen und Kräuter zur Aufrechterhaltung der Gesundheit von Garten und Mensch vorhanden sind.

4. Jahr und danach
Die Bäume sind nun zwei bis drei Meter groß (je nach Wetter und Beschneidung). Während sie sich weiter ausbreiten, sollte man grünes Blattgemüse und Salatpflanzen

weiter an der Tropflinie anbauen (dort, wo der Regen vom äußeren Rand des Blätterdaches tropft). Sollte der Garten nicht so groß sein, dass die anderen Gemüsepflanzen umgepflanzt werden können, könnte der Waldgarten nun in eine Halbwildnis übergehen, wo wir nur noch die wilden Früchte der mehrjährigen Pflanzen und der sich selbst aussäenden, einjährigen Pflanzen einsammeln. Als Alternative könnte dies auch ein Hühnerfuttergarten werden, in dem Pflanzen stehen, von denen sich Freilandhühner ernähren können. Der Phantasie sind keine Grenzen gesetzt.

Zur Versorgung des Gartens sollte Kompost, Gartenschnitt, Laub usw. vorrätig sein, um kahle Stellen zu mulchen oder unerwünschte Wildkräuter zu unterdrücken. Einmal jährliches Wildkrautzupfen in hartnäckigen Fällen ist am Anfang des Frühlings oder im späten Sommer ausreichend, um die Weiterentwicklung des Gartens zu garantieren.

Rohkost

Wenn Sie gärtnern, um Nahrungsmittel anzubauen, erwarten Sie von einem Gartenbuch sicherlich auch kulinarische Tipps. Eine Möglichkeit der nachhaltigeren Gartennutzung besteht darin, dass man sich überlegt, welches Rohkostpotenzial der Garten hat.

Rohkost hat zwei Vorteile. Zum einen muss nicht gekocht werden, sodass die Zubereitungszeit normalerweise kürzer ist und weniger Energie verwendet wird. Zum anderen ist Rohkost als Ergänzung des Speiseplans oder als ausschließliche Ernährungsform äußerst gesund.

Ab dem Augenblick des Pflückens verliert eine Gemüse- oder Salatpflanze sofort an Nährwert. Frisch Gepflücktes aus dem eigenen Garten, das zum sofortigen Verzehr bestimmt ist, hat den höchstmöglichen Nährwert. Beim Kochen werden wichtige Ernährungsstoffe abgebaut; wie viele genau, hängt davon ab, um was für ein Gemüse es sich handelt und wie es gekocht wird. Wenn Gemüse zum Beispiel zwanzig oder dreißig Minuten lang in Wasser gekocht wird, das hinterher weggegossen wird, gehen alle darin enthaltenen guten Stoffe verloren. Durch kürzeres Dünsten bleibt sowohl die Struktur des Gemüses als auch der Geschmack erhalten. Der Rohverzehr ist sogar noch besser.

Viele der heutigen Hauptgemüsesorten sind erst in den letzten zweihundert Jahren auf breiter Skala eingeführt worden. Früher aßen die Menschen weitaus mehr Salat, nicht unbedingt unseren heutigen Blattsalat mit Tomaten und Gurken, sondern eine breite Auswahl an wilden Pflanzen, geriebenen Wurzeln und gehackten Kräutern.

Robert Hart demonstriert in seinen Büchern *(Der Waldgarten, Die Wald-Gärtnerei)*, welch gewaltige Palette an Rohkost aus einem kleinen Stück Garten gezaubert werden kann und welcher gesundheitliche Nutzen aus dem Verzehr der Rohkost entsteht. Außerdem ist es eine Freude, Salate zusammenzustellen; so wird das einfachste Gericht zu einem regelrechten Kunstwerk.

Die richtige Platzierung

Ein wichtiges Element bei der Gestaltung eines Gartens, der »vom Entwurf her gesund« ist, ist die richtige Platzierung der einzelnen Teile. Das bedeutet in erster Linie, dass der für den Menschen entstehende Arbeitsaufwand so gering wie möglich sein muss! Arbeitsintensive Pflanzen – sowie Gartenwerkzeuge – sollten sich an leicht erreichbaren Orten befinden. Dies macht das Leben nicht nur leichter, sondern ermutigt uns auch dazu, im Garten zu arbeiten, wenn wir nur wenige Minuten Zeit haben. Es ist außerdem wichtig, die Pflanzen dort anzusiedeln, wo sie sich am wohlsten fühlen; am besten in Mischkulturen. Dadurch verringert sich wiederum der Arbeitsaufwand für uns (siehe auch S. 28 ff. sowie Abschnitt »Lagerung« auf S. 99).

Kompostierung

Das Kompostieren ist der Prozess, organische Abfälle dem Boden wieder zuzuführen, indem man sie zuerst verrotten lässt. Da es verschiedene Lehrmeinungen zu diesem Thema gibt, findet man in unterschiedlichen Gartenbüchern häufig widersprüchliche Empfehlungen. Die beschriebenen Systeme funktionieren normalerweise alle, jedoch auf verschiedene Weise.

Einige ökologische Gartenverbände empfehlen das Kompostieren bei hohen Temperaturen. Dazu wird eine Tonne mit Belüftung benötigt, die jedoch an den Seiten fest ist, sodass die Wärme zurückgehalten wird und gleichzeitig Sauerstoff vorhanden ist. Die Zersetzung von Pflanzenmaterial erzeugt Wärme, und indem diese Wärme in der Tonne gehalten wird, vollzieht sich die Kompostierung schneller. Bei diesem Prozess werden Samen von einjährigen Wildkräutern verbrannt. Die Logik dieser Methode bereitet einige Schwierigkeiten.

Die meisten ökologischen Gärtnerinnen und Gärtner sind gegen die Verbrennung von Gartenabfällen, da so die Luft verschmutzt und nützliches, kompostierbares Material vergeudet wird. In der Praxis ist ein heißer Komposthaufen doch eigentlich nichts anderes als ein langsam brennendes Feuer. Zweitens wird der Inhalt

eines Komposthaufens eines Tages an die Erde zurückgegeben. Organischer Boden ist eine lebendige Ansammlung nützlicher Tierchen, die damit beschäftigt sind, den Pflanzen Nährstoffe zuzuführen. Organismen, die in einem warmen Komposthaufen gedeihen, sterben, sobald sie auf dem (relativ) kalten Boden ausgebracht werden. Das pflanzliche Leben mag sich zwar an ihren Überresten ernähren, aber das Bodenleben erfährt keine Erweiterung.

Eine rotierende Komposttonne ist eine Variante desselben Systems; sie führt zu schnellen Resultaten, stellt einen hygienischen Behälter für Küchenabfälle dar und eignet sich wahrscheinlich besonders für kleine Gärten. Sie können eine solche Tonne auch selbst herstellen oder sie relativ preiswert erhalten.

Der nächste Ansatz könnte als kühler Komposthaufen bezeichnet werden. Hier zeigt sich, dass gesundes Gärtnern ohne tierische Zusätze möglich ist, d. h. ohne eingeführten Mist. Dieser Ansatz verträgt sich sehr gut mit der Idee des Permakultur-Gartens. Ich würde zwar niemand davon abbringen wollen, jegliches verfügbare, ethisch vertretbare Material zu benutzen, um den Garten aufzubauen; allen zukünftigen Permakulturgärtnern und -gärtnerinnen würde ich jedoch raten, ein System anzustreben, das sich selbst fruchtbar hält. Veganer (Menschen, die überhaupt keine tierischen Produkte konsumieren) würden natürlich sagen, dass die Verwendung tierischer Produkte ethisch auf keinen Fall vertretbar sei. Was immer Ihre persönliche Überzeugung sein mag, das vorgeschlagene System ist äußerst nachhaltig.

Der »kühle« Komposthaufen besteht aus verschiedenen Schichten aus Gemüseabfällen, Gründünger und Erde. Da er kühler ist, dauert die Zersetzung länger und verbrennt nicht unbedingt alle Samen. Dieser Kompost ist jedoch mit einem Verzicht auf jegliches Umgraben verbunden. Erst durch das Umgraben werden vergrabene Wildkrautsamen ans Licht und so zum Keimen gebracht. Wildkräuter bringt man in einem System des Mulchens, das auf Umgraben verzichtet, innerhalb weniger Jahre unter Kontrolle.

Nach meiner Erfahrung funktioniert der kühle Komposthaufen sehr gut und kann auch grobes Material gut vertragen. Ideal ist es, wenn man zwei Haufen nebeneinander anbringt. Wenn der eine Haufen zum Verteilen aufgebrochen wird, kann nicht zersetztes Material (holzige Teile) in den neuen Haufen übertragen werden. Die feinen, faserigen Reste werden auf die Beete als Mulch aufgebracht. Sollten Sie planen, nach dem Ausbringen des Komposts frisch zu säen, warten Sie am besten zwei Wochen damit; die Wildkrautsamen im Mulch erhalten so die Gelegenheit zu keimen und können vorher noch herausgehackt werden.

Ein feuchtwarmer Komposthaufen zieht Mistwürmer an, die bei der Zersetzung helfen. Mistwürmer leben jedoch nie in der Erde. Für einen kühlen Komposthaufen genügen Regenwürmer, die später mit dem fertigen Kompost der Erde zugeführt werden, wo sie weiter damit beschäftigt sind, für alle nutzbringend zu arbeiten.

Eine dritte und immer beliebtere Form der Kompostierung ist die Verwendung von Wurmtonnen. Der Kompost wird schichtweise in eine Tonne gefüllt, die mit Würmern oder Wurmeiern präpariert wurde. Für eine optimale Kompostierung sollte die Tonne von oben belüftet werden und unten eine Abflussmöglichkeit enthalten. Im Winter sollte sie warm gehalten werden, entweder, indem sie in einem

Schuppen steht oder, indem sie isoliert wird (zum Beispiel durch Umwickeln mit Stroh und Zeitungspapier). So bleiben die Würmer aktiv.

Der so entstandene Kompost enthält viel aufgeworfene Erde und hat einen hohen Gehalt an verfügbaren Mineralien. Er enthält auch Wurmeier. Wenn man sich bei der Wurmzucht mehr auf Regenwürmer spezialisiert anstatt auf Mistwürmer, wie es in der kommerziellen Wurmzucht meist geschieht, leistet man einen Beitrag zur langfristigen Bodenfruchtbarkeit. Forscher haben herausgefunden, dass die besten Wurmpopulationen erreicht werden, wenn sie bei Temperaturen, wie sie in Backstuben herrschen, gehalten werden und mit Papierschnitzeln und Bierhefe gefüttert werden. Ich würde wohl nicht so weit gehen mit meiner Wurmkultur, aber eines wird klar: Feuchtigkeit, Luft und Wärme sind hilfreich, damit sich die Würmer wohl fühlen.

Als letzte Möglichkeit, die der Erwähnung wert ist, sollte noch gesagt werden, dass das Kompostieren (eine relativ arbeitsintensive Tätigkeit) völlig unnötig ist. Dasselbe Endergebnis kann erzielt werden, wenn alle pflanzlichen (oder tierischen) Abfälle auf die Erdoberfläche zurückgegeben werden. Es mag vielleicht etwas länger dauern als die beschleunigte Freisetzung von Nährstoffen mittels Kompostierung, aber alle Bestandteile werden mit der Zeit der Erde wieder zugeführt. Der hauptsächliche Nachteil dieser Methode besteht darin, dass sie nicht sehr ansehnlich ist und dass auf diese Weise Schädlinge angezogen werden.

Dies ist keine so unbedeutende Erwägung, denn eine Menge frischer Pflanzenteile, die überall im Garten verstreut sind, stellen die idealen Voraussetzungen für die

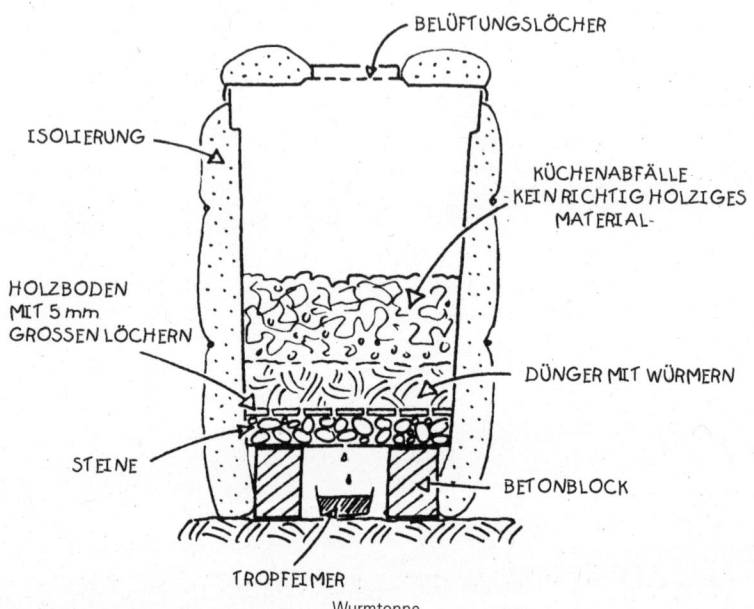

BELÜFTUNGSLÖCHER

ISOLIERUNG

KÜCHENABFÄLLE
-KEIN RICHTIG HOLZIGES
MATERIAL-

HOLZBODEN
MIT 5 mm
GROSSEN LÖCHERN

DÜNGER MIT WÜRMERN

STEINE

BETONBLOCK

TROPFEIMER

Wurmtonne

Anlockung von Ratten dar. Wenn man allerdings bedenkt, dass eine hungrige Ratte sogar noch glücklicher ist, wenn sie es sich mitten in einem angenehm warmen Komposthaufen bequem machen kann, ist es wohl am besten, selbst zu entscheiden, welches System im individuellen Fall am besten geeignet ist.

Pflanzen, die für uns arbeiten

Aber wie können wir denn nun einen Garten gestalten, der seine Ertragsfähigkeit selbst erhält? Die Antwort lautet: indem wir das Wildkraut lieben. Wildkräuter gehören zu den nützlichsten Pflanzen. Eine große Zahl von ihnen ist essbar und eine noch größere Zahl schön anzusehen, und insgesamt sind sie nicht nur nützlich für andere Lebewesen, sie sind auch sehr

nährstoffreich. Das liegt daran, dass ihre Wurzeln Nährstoffe aus der Erde und von noch weiter unten heraufziehen, die dann bei Laubfall freigesetzt werden und die oberste Erdschicht anreichern.

Dynamische Akkumulatoren

Was ist ein Unkraut?
Eine Pflanze, deren Tugenden noch
nicht entdeckt worden sind.
RALPH WALDO EMERSON (1803 – 82),
FORTUNE OF THE REPUBLIC

Mit dem Begriff »dynamische Akkumulatoren« werden Pflanzen mit einer bestimmten Fähigkeit zur Anreicherung des Bodens bezeichnet. Eine Pflanze, die erfolgreich auf einem Boden wächst, dem es an einer bestimmten Mineralie mangelt, akkumuliert typischerweise genau diese Mineralie. Es wurde bereits darauf hingewiesen, dass Wildkräuter bestimmten Bedingungen angepasst sind. Viele der Prozesse, mit denen nützliche Mineralien gespeichert werden, finden unterirdisch im lebendigen Boden statt.

Die Pflanzen, die den Boden kolonisieren, verraten seine Geschichte. Es gibt viele Beispiele: Brennnesseln lassen auf einen stickstoffreichen, vor kurzem besiedelten Boden schließen; Weidenröschen lässt sich dort nieder, wo es gebrannt hat; Adlerfarn weist auf eine länger zurückliegende Störung des Bodens hin.

Es besteht eine direkte Verbindung zwischen der Fähigkeit der Pflanze, Mineralien abzubauen und zu speichern, und den Bedingungen, die sie sich zum Gedeihen auswählt. Adlerfarn neigt dazu, auf erschöpften Böden zu erscheinen, weil er seinen eigenen Vorrat an Kali akkumulieren kann. Wird ein Boden durch Verlust der Waldbedeckung und aufgrund von Überbeweidung sehr sauer und sandhaltig, wird der größte Teil des Kalis bei Regen weggewaschen (»ausgelaugt«). Adlerfarn hat lange Wurzeln, mit denen die Pflanze die fehlenden Nährstoffe finden und konzentrieren kann. Wenn der Farn im Herbst abstirbt, mulcht er den Boden und ergänzt ihn so wieder mit dem fehlenden Pflanzennährstoff. Als Wildkraut besteht seine Aufgabe darin, beschädigte Böden zu reparieren.

Als weiteres interessantes Beispiel sei die Familie der Ampfer genannt, die Kali akkumulieren und feuchten, verdichteten Böden angepasst sind. Aufgrund ihrer Fähigkeit in dieser Hinsicht ist Comfrey eine der nützlichsten Nährpflanzen für den Garten.

Pflanzen haben sich auf diese Weise entwickelt, um den Wachstumsbedürfnissen auch unter besonderen Umständen gerecht zu werden, und wir können uns diese Eigenschaften zunutze machen, um die Fruchtbarkeit des Gartens zu erhöhen, wenn die vorherrschende Bodenqualität zunächst zu wünschen übrig lässt.

Dies kann erreicht werden, indem entweder Wildkraut angepflanzt wird, das die nötige Pflanzennahrung produziert, oder indem derartige Wildkräuter anderswo geerntet und anschließend im Garten als Mulch verteilt werden. Dabei ist es vorteilhaft, sich das Prinzip der Sukzession bewusst zu machen. Adlerfarn wird zum Beispiel mit der Zeit von Leguminosen, meistens von Stechginster oder einer anderen Ginsterart, abgelöst; diese können auch auf stickstoffarmen Böden wachsen. Sie setzen die Reparaturarbeiten bis zur nächsten Phase fort.

Leguminosen

Den örtlichen Gegebenheiten entsprechende Leguminosen (z. B. Stechginster, Ginster, die Familie der Erbsen oder Akazien in wärmeren Klimazonen) kolonisieren Böden wieder, denen es an Stickstoff mangelt, weil sie die Fähigkeit haben, Stickstoff aus der Luft im Boden zu speichern, und zwar gemeinsam mit dafür spezialisierten Pilzen; eine solche Gemeinschaft wird als *Mykorrhiza* bezeichnet.

Leguminosen verdienen eine eigenständige Betrachtung, weil Stickstoff den essenziellen Baustein lebender Organismen darstellt. Der menschliche Organismus benötigt Stickstoff, um Protein herstellen zu können; er wird dem Körper durch Verzehr von pflanzlichem oder tierischem Protein zugeführt. Alle Gartenpflanzen sind auf Stickstoff angewiesen, um gut wachsen zu können (ob wir die Pflanzen essen oder nicht).

Tabelle 11: Dynamische Akkumulatoren

Einige dynamische Akkumulatoren und was sie für uns speichern:

Schnittlauch	Allium spp	Z	Na/Ca
Augentrost	Anagallis arvensis	M	S/K
Große Klette	Arctium minus	E	Fe
Borretsch	Borago officinalis	E	Si/K
Kümmel	Carum carvi	E	P
Chicorée	Chicorium intybus	E	Ca/K
Möhrenblätter	Daucus carota	E	Mg/K
Buchweizen	Fagopyrum esculentum	E	P
Klebkraut	Galium aparine	E	Na/Ca
Luzerne	Medicago sativa	E	N/Fe
Adlerfarn	Pteridium aquilinum	M	K/P/Mn/Fe/Cu/Co
Ampfer	Rumex spp	M	Ca/K/P/Fe
Vogelmiere	Stellaria media	E	K/P/Mn
Comfrey	Symphytum officinale	E	Si/N/Mg/Ca/K/Fe
Löwenzahn	Taraxacum vulgare	Z	Na/Si/Mn/Ca/K/P/Fe/Cu
Klee	Trifolium spp	Z	N/P
Breitblättriger Rohrkolben	Typha latifolia	Z	N

Die moderne Landwirtschaft produziert ihre phänomenale Ertragsmasse auf der Basis chemisch produzierter löslicher Nitrate. Es ist daher selbstverständlich nicht ressourcenschonend, diesen Prozess fortzusetzen. Öl (der Stoff, aus dem Kunstdünger gewonnen werden) ist nicht unbegrenzt vorhanden. Da Kunstdünger hochlöslich ist, werden Pflanzen sehr rasch versorgt. Dies bedeutet jedoch auch, dass ein Hauptteil des beigefügten Nitrats sogleich wieder aus dem Boden gespült wird und dann in unsere Trinkwasservorkommen oder ins Meer gerät.

In traditionellen ökologischen Anbausystemen hat man sich ganz besonders auf tierische Düngemittel und zu einem gewissen Grad auf Gründünger (als dynamische Akkumulatoren) sowie auf Zwischenkulturen mit Leguminosen verlassen, um die Stickstoffzufuhr sicherzustellen. Wir sollten die Stickstoffzufuhr durch das Bodenleben in einem lebendigen organischen Boden jedoch nicht unterschätzen. Regenwürmer sowie verschiedene Insekten und Käfer im Boden tragen erheblich zur Ernährung des pflanzlichen Lebens bei, wenn sie nach dem Tod die in ihren Körpern befindlichen Mineralien an den Boden zurückgeben. Dieses System der Bodenbewirtschaftung hat viele Vorteile.

Es ist heute nicht mehr so sicher, dass ein Garten sich auf eine Zufuhr von tierischem Dünger verlassen kann (wenn nicht menschliche Abfälle an den Boden zurückgegeben werden). Das wäre auch nicht besonders erstrebenswert. Von Dünger aus gewerblicher Schweinehaltung sollte man auf jeden Fall die Finger lassen, weil die Schweine mit wachstumsfördernden

Tabelle 12: Leguminosen

Leguminosen für den Garten:

Silberakazie	Acacia dealbata	E/M
Seidenakazie	Albizia julibrissin	E/M
Gelber Klee	Anthyllis vulneraria	M
Erdnuss	Arachis hypogae	E
Tragant	Astragalus ssp	E
Gemeiner Erbsenstrauch	Caragana arborescens	M
Echte Betonie	Colutea arborescens	M
Bunte Kronenwicke	Coronilla varia	M
Geißklee, Besenginster	Cytisus spp	M
Geißraute	Galega officinalis	M
Ginster	Genista spp	M
Christusdorn	Gleditsia triacanthos	M
Sojabohne	Glycine max (syn Soya max)	E
Süßholz	Glycyrrhiza lepidota	M
Süßklee	Hedysarum multijugum	M
Hufeisenklee	Hippocrepis comosa	M
Indigopflanze	Indigofera heterantha	M
Bohnenbaum	Laburnum spp	M
Erbsen und Zierwicken	Lathyrus spp	E
Hornklee	Lotus spp	M
Lupine	Lupinus spp	E/M
Schneckenklee u. Luzerne	Medicago spp	M
Steinklee	Melilotus spp	M
Saat-Esparsette	Onobrychis viciifolia	M
Hauhechel	Ononis spp	M
Vogelfußklee	Ornithopus spp	M
Fahnenwicke	Oxytropis spp	M
Bohnen	Phaseolus spp	E
Ackererbse	Pisum arvensis	E
Erbse	Pisum sativum	E
Unechte Akazie	Robinia pseudoacacia	M
Spargelerbse	Tetragonolobus purpureus	E
Klee	Trifolium spp	E/M
Bockshornklee	Trigonella foenum-graecum	E
Stechginster	Ulex spp	M
Wicke	Vicia spp	E/M
Saubohne	Vicia faba	E
Glyzine	Wisteria spp	M

Mitteln gefüttert werden; das darin enthaltene Kupfer kann im Boden nicht abgebaut werden. Ein mir bekannter Anbauer von Obstbäumen hat seit Verwendung dieses »Düngers«, der im Grunde ein Umweltschadstoff ist, eine erhebliche Zunahme von Schädlingen und Krankheiten festgestellt.

Mist von nicht ökologisch gehaltenen Kühen enthält Hormone und andere Pharmazeutika, die jedoch mit der Zeit abgebaut werden. Ein solcher Dünger ist für den Garten verwendbar, wenn er mindestens ein Jahr lang verrotten konnte. Pferdemist ist von jeher sehr beliebt. Hier gilt es jedoch wieder aufzupassen, denn der Mist ist oft voller Wildkrautsamen, weshalb hier ein einjähriges Verrotten vor dem Verteilen angebracht ist.

Am besten ist es jedoch, immer eine wahre Kreislaufwirtschaft anzustreben und zu versuchen, den Stickstoffbedarf des Gartens aus dem Garten selbst zu decken.

Gründünger

Eine Möglichkeit, eine sich selbst erhaltende Fruchtbarkeit zu entwickeln, besteht darin, dass man den Wildkräutern erlaubt, ihre Aufgabe zu erfüllen, d. h. den Boden zu reparieren. Wir können außerdem bewusst bestimmte Pflanzen als Gründünger anpflanzen, deren primäre Funktion darin besteht, den Boden mit Nährstoffen zu versorgen.

Ein typisches, wenig Arbeit erforderndes Beispiel ist das Pflanzen von Comfrey zwischen Johannisbeersträucher. Comfrey ist eine selbst mulchende Pflanze, die im Herbst zurückgeht, aber im Sommer wieder nachwächst. Es reicht, die Pflanze etwa alle sechs Wochen bis zum Boden zurückzuschneiden. Das grüne Material wird um die Sträucher herum ausgebracht:

soforder Dünger und Wildkrautbekämpfung in einem.

Auf der folgenden Seite sind einige Gründüngerpflanzen aufgelistet. Dabei sollte nicht vergessen werden, dass Pflanzenabfälle – egal ob Küchenabfälle oder Rasenschnitt – im Grunde Gründünger sind und als solche behandelt werden sollten. Gründünger als Selbstzweck anzubauen, ist dann angeraten, wenn es sonst kahle Stellen im Garten gäbe.

Integration des Ertrags (symbiotische Wirkungen)

Wenn wir auf die Monokultur (»Der Inhalt dieser Tüte reicht für eine 30 Meter lange Reihe«) zugunsten der Mischkultur (»Womit verträgt sich dies wohl gut?«) verzichten, wird sich der Ertrag des Gartens erhöhen.

Das Wissen von den optimalen Zusammenstellungen eignen wir uns in einem kontinuierlichen Prozess an; wir können deshalb nicht hoffen, alles aus einem Unterkapitel zu erfahren. Wichtig ist, dass wir das Prinzip verstehen und einige Ideen vermittelt bekommen, auf deren Basis wir dann unser eigenes »Repertoire« von gut funktionierenden Rezepten entwickeln können.

Mit Symbiose wird ein Phänomen in der Natur bezeichnet, bei dem lebende Organismen zu gegenseitigem Nutzen zusammenarbeiten. Die auf S. 83 genannte *Mykorrhiza* ist ein gutes Beispiel dafür. Zwei Lebewesen schließen sich zusammen und als Folge davon geht es beiden besser. Man könnte dies als die ideale Beziehung bezeichnen; indem wir Gartenpflanzen eine solche Verbindung miteinander eingehen lassen, sollten wir damit eine bessere

Tabelle 13: Gründünger

Eine Auswahl an Gründüngerpflanzen:

Borretsch	Borago officinalis	E
Buchweizen	Fagopyrum esculentum	E
Wiesenlolch	Lolium perenne	M
Lupine	Lupinus spp	E/M
Gelbklee	Medicago lupulina	E
Rainfarnblättrige Büschelblume	Phacelia tanacetifolia	E
Radieschen	Raphanus sativa	E
Mexikanische Studentenblume	Tagetes minuta	E
Blutklee	Trifolium incarnatum	E
Wiesenklee	Trifolium pratense	M
Senf	Sinapsis alba	E
Ackerwicke	Vicia sativa	E

Ernte bei weniger Aufwand garantieren können.

Im obigen Beispiel ging es um eine Verbindung zwischen Comfrey und Johannisbeere. Hier sind einige weitere Beispiele:

○ Zucchini mit Radieschen und Ringelblumen: bringt Farbe und zieht nützliche Insekten an. Radieschen werden vor den Zucchini reif, sodass kahler Boden vermieden wird.

○ Saubohnen mit Äpfeln, Kerbel und Kapuzinerkresse: wiederum hübsche Farben. Kapuzinerkresse ist ein guter Bodenbedecker und erhält so die Feuchtigkeit, die von den Bohnen und Äpfeln benötigt wird. Sie zieht auch Schwarze Bohnenblattläuse von den Bohnen an. Kerbel zieht Schwebfliegen an, die dann die Blattläuse fressen. Es gibt also viel gutes Gemüse zum Essen und eine ganzjährige »Wachstumsgemeinschaft«.

Der Erde Form geben

Die Erde, das ist genug.

WALT WHITMAN (1819 – 1892), STARTING FROM PANAMOUK

Eine gut durchdachte Landschaftsplanung macht den Garten nicht nur höchst produktiv, sondern auch höchst praktisch. Da die Erde in einem Naturgarten nach dem ersten Anlegen so wenig wie möglich gestört wird, werden im Folgenden Beispiele für mögliche Anfangsentwürfe gegeben. Es ist natürlich völlig in Ordnung, den Garten mit der Zeit umzugestalten. Betrachten Sie die hier genannten Vorschläge ein fach als Möglichkeiten, von vornherein einen gut durchdachten Garten anzulegen, der dauerhaft ist und an dem Sie viele Jahre Freude haben werden.

Beetarten

Aus der Perspektive der Gartenpflege ist das Anlegen von Beeten sehr sinnvoll. Wuchsflächen und Wege sind dann voneinander getrennt, sodass die obere Erdschicht nicht festgetreten wird. Außerdem können die Wege mit Materialen angelegt werden, die sowohl wetter- als auch trittfest sind.

Beete sollten so gestaltet sein, dass Neigungsgrad und Himmelsrichtung vorteilhaft ausgenutzt werden, dass möglichst viel Rand entsteht und dass die Arbeit auf ein Minimum reduziert wird. Ein flaches, viereckiges Gartengrundstück bietet viel weniger Variationsmöglichkeiten hinsichtlich Licht und Schatten, feuchten und trockenen Stellen und komplexen Zusammenstellungen von Pflanzen als ein Garten mit vielen geformten Stellen. Die Einbeziehung von Höhen und Niederungen und von gewundenen Rändern erweitert die Palette der Pflanzen, die hier einen Lebensraum finden können.

Ein steil abfallender Garten kann im Gegensatz dazu sehr schwer zu bearbeiten sein und zu Verlust von Muttererde und Wasser durch Abfließen führen. Dieser Zustand kann durch das Anlegen von Terrassen und somit von Beeten, die einfach und ohne Bücken zu bearbeiten sind, enorm verbessert werden. Dies ist in einem Garten, der zur Nutzung von Menschen mit Behinderungen bestimmt ist, besonders günstig.

Wenn man die Produktivität erhöhen und die Rückenschmerzen reduzieren will, kann es daher sehr hilfreich sein, verschiedene Entwurfsmöglichkeiten von Beeten kennenzulernen. Wir haben uns bereits mit dem Schichtmulchen, dem Hügelbeet und Hochbeeten mit Bäumen als Mittelpunkt (S. 39 ff.) sowie mit dem Prinzip der Randmaximierung (S. 28 f.) befasst. Wenn wir die verschiedenen Ideen miteinander verbinden, erhalten wir vielfältige Beetformen und -größen.

Hochbeete

Bei umgrabeunwilligen Gärtnerinnen und Gärtnern ist das gerade Hochbeet besonders beliebt. Es hat den Vorteil, dass die Wuchsfläche vergrößert wird (anderthalbmal so viel wie ein »flaches« Beet), was alle Hochbeete in der Regel ermöglichen, aber es bedeutet auch, dass Gemüsesorten in kleinen Blocks angebaut werden und jeweils geerntet werden können. Aus diesem Grund wird diese Beetform oft im gewerblichen ökologischen Gemüseanbau verwendet.

Gehen Sie folgendermaßen vor: Die gewünschte Fläche markieren. Das Beet durch doppeltes Graben herstellen. Sode und Muttererde des ersten Meters entfernen und mit der Schubkarre an das andere Ende des Beetes transportieren. Dann die Erdschicht um eine zweite Spatentiefe abgraben, mit der ausgegrabenen Erde des

*Ich lasse den ganzen Garten
wie ein Brötchen backen,
Vom Atem des Südwinds und
der Wärme der Sonne.
Nur: Damit der Boden nicht
rutscht und nicht verloren geht,
Umrande ich das Ganze
mit vier Holzbrettern.
Dann häufe ich das Beet
zu einer Wölbung auf
Und reche die Fläche, bis
sie pudrig und fein ist.
Und zum Schluss stelle ich
die Fruchtbarkeit sicher
Mit einer dicken Schicht Mulch
aus verrottetem Mist.
Und nun lasst uns ein
paar Gemüsesamen säen,
Und zusehen, wie die älteren
Mehrjährigen wachsen!*
WALAFRID-STRABO, HORTULUS
(DE CULTURA HORTORUM), 9. JHD.

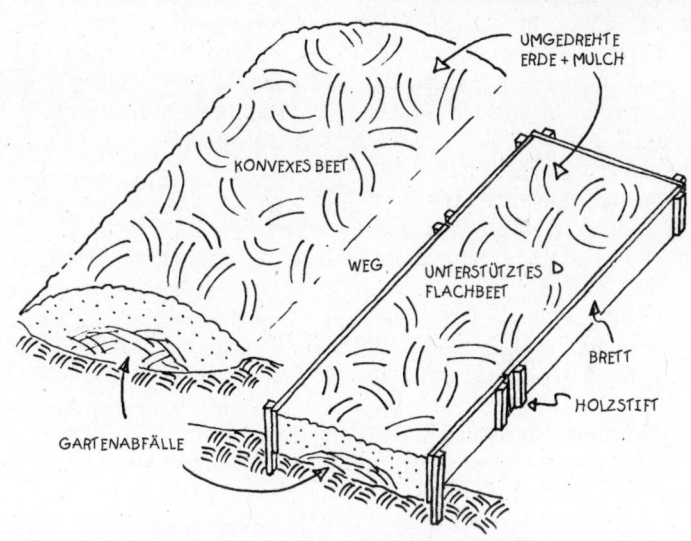

Ein Hochbeet bietet eine größere Wuchsfläche, ein vielfältigeres Mikroklima und einen interessanteren Anblick als flache Beete.

nächsten Beet-Meters und dann mit der darunterliegenden Oberflächenerde bedecken. Im Querschnitt sollte das Beet gehäuft aussehen. Bis zum Ende des Beetes so fortfahren und den letzten Meter mit der Sode und Muttererde aus der Schubkarre vom vorderen Ende des Beetes bedecken.

Eine leichte Erhöhung ergibt sich durch das Graben; zusätzliches organisches Material, das um die ausgegrabene Sodeschicht ausgebracht wird, erhöht das Beet noch mehr. Das Ausgraben von umliegenden Gartenwegen kann besonders nützlich sein. Dadurch erhält das Beet einen Kern mit einer lang währenden Stickstofffreigabe. Wenn das Beet fertig ist, besteht die weitere Pflege darin, dass die Graswege rundherum gemäht, die Ränder geschnitten werden und eine Rinne am Rand entlang angelegt wird. In dem kleinen Graben wird sich feine Erde ansammeln, die aufgrund der Abschüssigkeit des Beetes abfließt oder weil Vögel zwischen den Pflanzen nach Nahrung suchen. Kontinuierliches Mulchen zwischen den Pflanzen unterstützt diesen Vorgang, bei dem eine nährstoffreiche Humusschicht entsteht, die abgegraben und wieder auf die Beetoberfläche gegeben wird.

Die Abflussrinne bewirkt, dass Regen schnell bis zur Tiefe der Wurzeln vordringen kann, wodurch die Verdunstungsgefahr minimiert wird. Als weiteren Nutzen wird ein seltener Regenfall in trockenen Zeiten schneller für die Pflanzen nutzbar. Ferner bedeutet es, dass sowohl abfließendes Wasser als auch abfließende Muttererde bei starkem Regenfall aufgefangen und in dem Beet, wo beides benötigt wird, gehalten werden. Wenn die Beete von Ost nach West verlaufen, haben sie eine Sonnen- und eine Schattenseite. Die Pflanzen können entweder so gesetzt werden, dass ihre Vorlieben für bestimmte Temperaturen berücksichtigt werden, oder größere Pflanzen können auf der Schattenseite gepflanzt werden, damit sie den kleineren Pflanzen auf der Sonnenseite nicht die Sonne wegnehmen.

Hochbeete sollten nicht zu breit sein, damit ihr Mittelpunkt ohne Schwierigkeiten erreicht werden kann, ohne dass auf die Beete getreten werden muss. Dies garantiert ein maximales Maß an Bodenleben und ein minimales Maß an Bodenverdichtung.

Eine einfachere Methode für Hochbeete, die von vielen ökologischen Gärtnerinnen und Gärtnern verwendet wird, besteht darin, die Beete mit alten Brettern zu umranden, die mittels vertikaler Holzstifte befestigt werden. Dadurch entstehen unweigerlich rechteckige Beete. Diese Beete haben ebenfalls den Vorteil, dass sie den Anteil der Muttererde erhöhen und dafür sorgen, dass sich der Boden nicht verdichtet. Zugleich erfüllen sie ein gewisses Bedürfnis nach »Sauberkeit und Ordnung«. Ferner sollte beachtet werden, dass Hochbeete im Herbst und im Winter schneller abkühlen und sich im Sommer schneller erwärmen, da sie der Luft stärker ausgesetzt sind.

Diese Idee kann weiterentwickelt werden. Man kann zum Beispiel geschwungene statt gerade Beete anlegen und herausfinden, welches maximale Beet-Weg-Verhältnis an einer bestimmten Stelle erreicht werden kann. Vielleicht haben Sie mehr Lust dazu, interessante Formen zu verwirklichen als mathematisch vorzugehen. Die meisten, die diese Methode ausprobiert haben, kehren danach nicht wieder zu viereckigen, flachen Formen im Garten zurück. Ein Grund besteht darin, dass auf diese Weise ein viereckiges, flaches

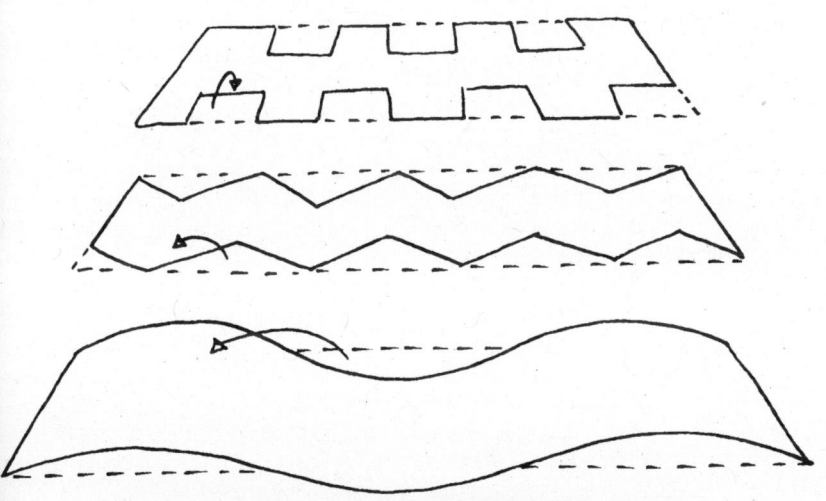

ANFÄNGLICH VIERECKIGES BEET (GEPUNKTETE LINIEN) WIRD MIT HILFE VON MULCHBEWEGUNGEN UMGEFORMT.

Rand und Fläche werden mit geformten Hochbeeten maximiert.

Grundstück (wovon in den meisten Gärten auszugehen ist) in etwas Attraktives verwandelt werden kann, das an jeder Ecke neue Perspektiven bietet und mit geheimnisvollen Winkeln und einem Spiel mit Licht und Schatten aufwartet, sodass sich der Garten zu einer wahren Augenweide gestaltet – ein schöner Kontrast zu dem entmutigenden Gefühl: »Oh nein, ich muss schon wieder Unkraut jäten!«

Die Methode von Ruth Stout

Die aus einer landwirtschaftlichen Familie im Osten der Vereinigten Staaten stammende Ruth Stout entwickelte ihre Methode, als ihr die alljährliche Plackerei des Pferdemistverteilens auf ihren Gemüsegarten zu viel wurde. Wenn Pferde Heu fressen, dann wäre man doch besser dran, gleich Heu als Dünger zu verwenden, denn dieser habe dieselben Bodennährstoffe wie Mist, und das Pferd würde entfallen, so folgerte sie. Dies ist der Schichtmulchmethode ziemlich ähnlich, nur dass hier der ganze Mulch aus einer 10 – 20 cm dicken Schicht Heu besteht.

Das Heu wird kontinuierlich Jahr für Jahr aufgetragen, und als Ergebnis hat man einen wunderbaren Bodenlebenbestand, der schwer damit beschäftigt ist, den Mulch in Muttererde zu verwandeln. Das gewünschte Endergebnis sind große Mengen fruchtbaren Bodens, auf dem Pflanzen wunderbar gedeihen.

Minimale Bodenbestellung

Im Permakultur-Garten suchen wir nach Systemen, die mit minimalem Aufwand funktionieren. Dafür gibt es zwei Gründe. Erstens ist es weniger Arbeit. Zweitens mischen wir uns dadurch so wenig wie möglich in die Natur ein. Damit die Natur zu unserem Nutzen arbeiten kann, entwerfen und platzieren wir die Dinge so, dass die fruchtbaren Prozesse des Bodens die Ertragfähigkeit des Gartens erhöhen, statt Materialien von außen zuzuführen, um die Wuchsflächen fruchtbar zu machen.

Bei allen Bodengestaltungsarbeiten sollten wir darauf achten, langfristige Oberflächen anzulegen, die kaum oder überhaupt nicht umgegraben werden müssen. Mulchen ist eine Möglichkeit, bei minimaler Schädigung der lebendigen Erde Nährstoffe zuzuführen und Wildkräuter zu unterdrücken. Es ist möglich, tief verwurzelte Pflanzen zu entfernen, indem eine Grabegabel in den Boden gesteckt wird und dieser sanft angehoben, aber nicht abgegraben wird. Die Pflanze dann mit festem Griff und leichtem Druck ziehen; lange Wurzeln müssten sich auf diese Weise aus dem Boden lösen lassen.

Wenn man Beete so anlegt, dass sie nur wenig oder nie betreten und auch nicht mit Maschinen bearbeitet werden, besteht kein Grund mehr, den Boden zu bestellen, um der Verdichtung zu Leibe zu rücken. Damit wäre ein weiterer Arbeitsgang eingespart!

Was angemessen ist, hängt vom Ausgangszustand des Bodens ab. Altes gepflügtes Land, das in der Vergangenheit wiederholt umgegraben wurde, hat vielleicht eine Ortsteinschicht. Das ist eine Schicht von relativ undurchdringbarer Erde auf der Ebene, bis zu der sie kultiviert wurde. In europäischen Verhältnissen deutet dies meistens auf eine Konzentration von Eisen hin. Diese Schicht sollte aufgebrochen werden, bevor andere Maßnahmen ergriffen werden. In der Landwirtschaft wird dies normalerweise mit Untergrundlockerer gemacht. Im Garten kann die Schicht falls

nötig in kurzen Abständen mit einer Eisenstange und einem Vorschlaghammer oder, wenn Sie dem gewachsen sind, mit einem kräftigen Spaten, aufgebrochen werden.

Nicht viele Gärten sind davon betroffen. Die nötigen Informationen erhält man mit einem Bodenprofil, das auch den allgemeinen Grad der Verdichtung und Auslaugung anzeigt (dazu mehr ab S. 156).

Die meisten Menschen glauben, ein Boden sollte völlig frei von Wildkräutern sein, da die Wildkräuter mit unseren Gemüsepflanzen um Nährstoffe kämpfen. Das Umgraben zur Aufbrechung verdichteten Bodens und zur Vorbereitung des Bodens als Saatbeet wird auch als völlig normal erachtet.

Denken wir einen Augenblick darüber nach, was die Natur macht. Nirgendwo gräbt sie die Erde um, so wie wir das mit dem Spaten tun, außer in den Eiszeiten, wenn sich über Hunderte oder Tausende von Jahren neuer Boden durch den Druck des Eises auf der bisher existierenden Landschaft formiert. Keine gute Zeit für das Gärtnern! Aber in den wärmeren, zwischeneiszeitlichen Zeiten, in denen Menschen leben können, halten Baum- und Pflanzenwurzeln den Boden kontinuierlich in Bewegung und brechen ihn auf. Geringe Mengen Erde werden durch das Verdauungssystem der Regenwürmer gepresst und als Erdhäufchen an der Oberfläche aufgeworfen. Auf ähnliche Weise hinterlassen Maulwürfe und andere Buddler feine, krümelige Haufen gut durchgearbeiteter Erde außerhalb ihrer Gänge. Dank dieser sanften Auflockerung wird Erde hergestellt, die reich an verfügbaren Nährstoffen und von ausgezeichneter krümeliger Qualität ist.

Wenn wir das Bodenleben von der Oberfläche (ein Großteil davon ist für das bloße

Auge unsichtbar) untergraben oder das Bodenleben, das unterhalb der Oberfläche existiert, der Luft aussetzen, vernichten wir diese Wesen entweder durch Erstickung oder Oxidierung. Ihre toten Körper setzen Stickstoff frei, und ein plötzlicher Wuchsanstieg unseres Gemüses deutet auf eine kurzfristige Zunahme der Fruchtbarkeit hin. Dies ist eine gute Taktik, um ein Gartenbeet in Schwung zu bringen. Aber wenn wir damit fortfahren, den Boden zu bestellen, beginnt der Boden, sich zu verdichten, und wir schädigen die langfristige Fruchtbarkeit unseres Grundstücks, sodass die umständliche Anwendung von Düngemitteln erforderlich wird.

Suchen Sie stets nach Möglichkeiten, wie der Spaten vermieden werden kann.

Steingärten

Bestimmte Arten sind dafür ausgerüstet, unter steinigen Bedingungen zu wachsen. Von Moosen über Sukkulenten und Bodenbedeckern bis hin zu robusten Sträuchern und einigen Bäumen handelt es sich dabei meistens um Pflanzen, die Erde herstellen und dürreresistent sind. Sie verfügen üblicherweise über Wurzeln, mit denen sie Oberflächenschichten aus Stein aufbrechen und feine mineralische Teilchen produzieren, die zusammen mit den organischen Überresten dieser Pflanzen als Erde im Anfangsstadium bezeichnet werden können.

Neue Gärten mit einem hohen Anteil an Schutt oder Gärten auf steinigen Geländen

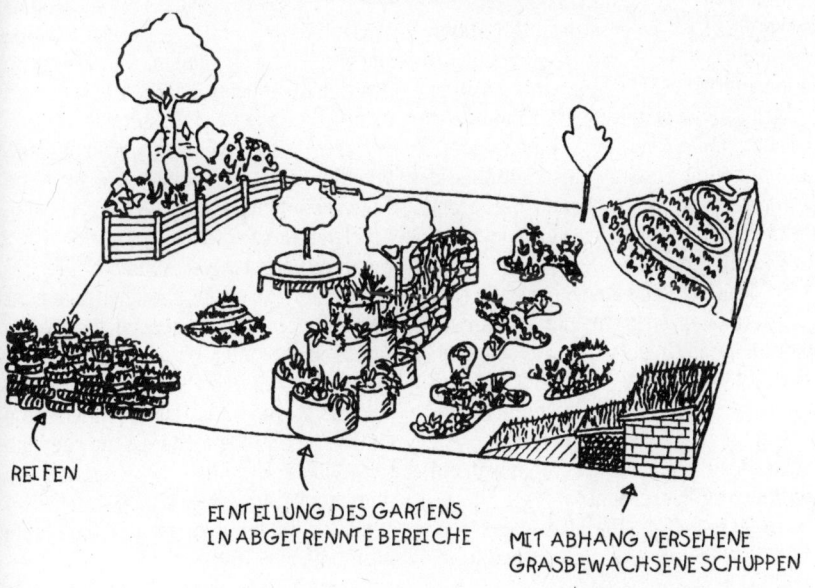

REIFEN

EINTEILUNG DES GARTENS
IN ABGETRENNTE BEREICHE

MIT ABHANG VERSEHENE
GRASBEWACHSENE SCHUPPEN

Die kühne Nutzung von Baumaterialien im Garten kann die Produktivität sehr erhöhen. Der dynamische, visuelle Effekt kann ein flaches Grundstück in ein Labyrinth voller Überraschungen verwandeln.

wie Granitböden legen die Anlage von Steingärten als natürliche Verwendung der vorhandenen Ressourcen nahe. Steine, deren Teilbarkeitsrichtung horizontal ist (ursprünglich meist Sedimentgestein), sind eher als Mauerwerk geeignet als erodierte oder vulkanische Steine. Folglich sind trockene Steinmauern eher für Gegenden charakteristisch, in denen Kalkstein oder Sandstein zu finden ist, und Mauern aus Erde und Schutt (wie die »Hecken« in Cornwall, die schon so manchen Wagen von ahnungslosen Touristen verbogen haben) sind eher in vulkanischen Landschaften oder an Flussbetten angebracht.

Es gibt viele schön aussehende Pflanzen (einige wie Fetthenne und Eiskraut sind essbar), die solchen Bedingungen angepasst sind. Sie stammen meist aus dem Küstenbereich, wo die Pflanzen der Austrocknung als Folge der salzigen Umgebung standhalten müssen, aus Gegenden mit geringem Niederschlag wie dem südlichen Teil Afrikas oder dem Mittelmeerraum oder aus alpinen Gebieten mit dünnen Böden. Aufgrund ihrer Beschaffenheit können sie in vergleichsweise trockenen Gebieten, wo mehr Stein als Boden vorhanden ist, gut gedeihen.

Ein idealer Ort für einen Steingarten sind jene vertikalen Mauern, die terrassierte Hänge stützen. In einem steil abfallenden Garten können diese vertikalen Wände einen beträchtlichen Raum einnehmen. Dank dieser Methode kann die ansonsten nackte Steinmauer zu einer attraktiven und produktiven Wuchsfläche werden. Die flachere Oberseite kann für Pflanzen geeignet sein, die eines besseren Bodens bedürfen, und die vertikalen Mauerflächen können die Steingartengewächse beheimaten.

Alpine Pflanzen benötigen ein ganz besonders sorgfältiges Verständnis für ihre Wachstumsbedürfnisse; man sollte deshalb immer ausführliche Ratschläge einholen, bevor man teure (und möglicherweise auch seltene) Pflanzen für diese Flächen kauft. Viele Kräuter (deren Herkunft mediterrane Sträuchergegenden sind) werden hier gut gedeihen, wenn sie anfangs noch gegossen werden.

Die Kräuterspirale ist eine Steinkonstruktion, mit der die vorhandene Randfläche vergrößert und eine mikroklimatische Vielfalt geschaffen wird, sodass hohe Erträge auf kleinem Raum möglich werden. Ein Beispiel kreativer Raumnutzung in einem kleinen Garten!

Höhenliniengräben

Es handelt sich hierbei um seichte Gräben, die auf Hängen angelegt werden, sodass Wasser entlang der Höhenlinien fließt, anstatt sogleich abzufließen. Sie werden in der Viehzucht bei trockenen Bedingungen eingesetzt, um so viel Wasser wie möglich auf dem Hang zu halten und den Graswuchs zu fördern. In einem abschüssigen Garten können sie genauso nützlich sein.

Solche Gräben dienen oft verschiedenen Zwecken: Sie fangen hinunterlaufendes Wasser auf und tragen dazu bei, dass es in der Muttererde versickert, anstatt gleich abzufließen. Außer Wasser sammelt sich hier auch Laub und lose Erde an, die sich abwärts bewegt. Zusätzlich können diese Gräben als Straßen oder Wege dienlich sein. Mit der Zeit füllen sie sich mit Geröll und bilden Terrassen.

Höhenliniengräben stellen eine gute Methode zur Verbesserung der Wasserhaltekraft von Böden auf trockenen Hängen und zur Reduzierung von Erosion dar, sofern ein solches Problem vorliegt. Aufgrund ihrer Neigung, organische Materie aufzufangen und Wasserreserven zu vergrößern, sind sie ein geeigneter Ort zur Pflanzung von Gemüsesorten, die feuchtere Bedingungen benötigen, z. B. Kürbisse.

Terrassen

Wer einmal die Terrassen in Südostasien gesehen hat, wird darüber gestaut haben, wie produktiv die Menschen dort das Land gemacht haben. Die Notwendigkeit, Terrassen zu benutzen, um Reispflanzen zu bewässern, erscheint dort vielleicht passender, aber der Terrassenbau hat auch in manchem Land der kühleren Klimazonen, wo er genauso förderlich sein kann, eine lange Geschichte.

Welchen Nutzen haben Terrassen?

○ Sie vergrößern die Wuchsfläche auf einem abschüssigen Hang.

○ Sie machen die Gartenarbeit am Hang leichter, wodurch der Rücken weniger belastet wird.
○ Sie bremsen oder stoppen Erosion und Wasserverlust.
○ Sie ermöglichen mehr Beweglichkeit bei der Arbeit.

Der Anbau auf einem steilen Abhang kann sehr schwierig sein. Man rutscht ständig ab und am Schluss hat man furchtbare Rückenschmerzen. Wenn wir die Beete mit Wegen und Terrassen auf Taillenhöhe bringen, können wir dem Schweiß und den Tränen ein Ende bereiten.

Terrassen können schnell und provisorisch hergestellt werden oder langsam und kostspielig mit organisierter Perfektion. Wie Sie Ihre Terrasse anlegen, hängt von Ihren Ressourcen ab. Die schönen Exemplare in Indonesien und China haben wahrscheinlich Tausende von Jahren

HOHLE BETONBLÖCKE,
IDEAL FÜR IMMERGRÜN
(FRÜHE BIENENNAHRUNG)
ERDBEERPFLANZEN UND
FETTHENNE (ESSBAR)

Mehr Ertrag, weniger Plag

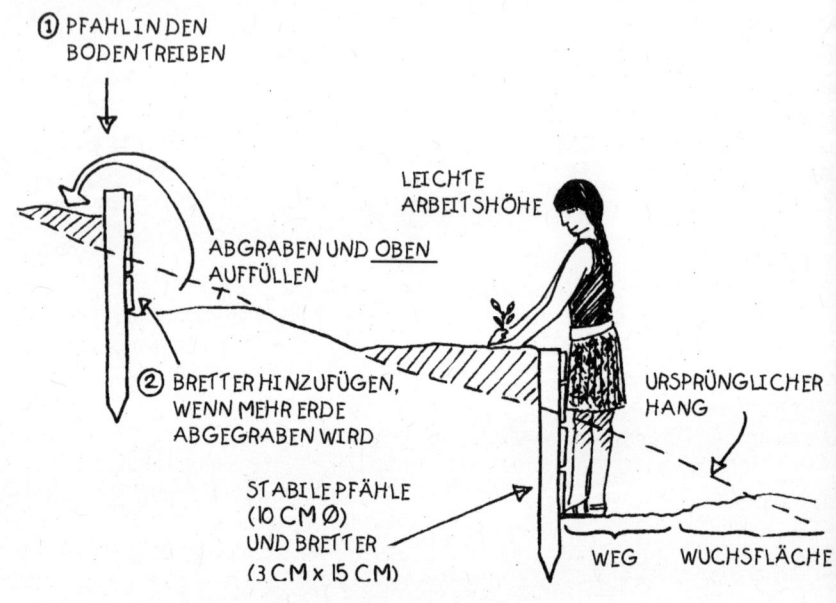

① PFAHL IN DEN BODEN TREIBEN

LEICHTE ARBEITSHÖHE

ABGRABEN UND OBEN AUFFÜLLEN

② BRETTER HINZUFÜGEN, WENN MEHR ERDE ABGEGRABEN WIRD

URSPRÜNGLICHER HANG

STABILE PFÄHLE (10 CM Ø) UND BRETTER (3 CM x 15 CM)

WEG   WUCHSFLÄCHE

Eine wenig Arbeit beanspruchende Methode zur
Terrassierung eines abschüssigen Gartens

der Entwicklung hinter sich und benötigen immer noch ganze Dörfer zu ihrer Instandhaltung.

Wir empfehlen fürs Erste eine leichte Methode der Terrassierung; später kann die Anlage immer noch ausgefeilt werden. Im Folgenden soll eine Methode vorgestellt werden, die Sie vielleicht übernehmen können.

Zuerst werden Löcher auf Linien gegraben, die sich leicht außerhalb der Höhenlinie befinden. In diese Löcher werden Pfähle gesetzt und eingehämmert. Dies garantiert, dass sich die Beete entlang der Hangseite entwässern.

Auf die abschüssige Seite werden stabile Bretter genagelt. Fangen Sie oben an und arbeiten Sie sich nach unten vor. Die Pfähle sollten einen Durchmesser von ca. 10 cm haben; die Bretter sollten etwa

3 × 15 cm groß sein. Die Länge der Bretter hängt vom Neigungsgrad des Hangs ab und auch von den Abständen zwischen den einzelnen Pfählen. Logischerweise sollte die Konstruktion immer stark genug sein, um das Gewicht des oben aufliegenden Beets zu tragen.

Graben Sie nun die Erde unten aus und werfen Sie sie immer bergauf hinter die Bretter. Wenn genug Erde abgeräumt ist, können weitere Bretter angebracht werden, um den unteren Teil der Wand zu befestigen.

Dieser Vorgang kann den gesamten Hang entlang fortgesetzt werden, bis alles terrassiert ist. Wenn unter jeder Terrasse ein Weg frei bleibt und jedes Beet nicht breiter ist als die Länge eines Arms, kann man den Garten am Hang bearbeiten, ohne sich zu bücken; zugleich sind Beete entstanden,

96

die nicht umgegraben werden müssen, da man nie darauf treten muss.

Die geraden Oberflächen der Terrassen ermöglichen den Anbau sogar auf den steilsten Abhängen. Ständige Bodenbedeckung ist wichtig, um das Verdunstungsrisiko in Verhältnissen, wo Wasser schnell abfließen kann, einzudämmen. Einige Gemüsepflanzen bevorzugen die Trockenheit der Hanglage, z. B. Weintrauben.

Ökotope in kalkhaltigen Hochlandschaften sind oft aus Pflanzen zusammengesetzt, die offene und gut abfließende Böden bevorzugen. Einige dieser Pflanzen liefern reiche Erträge. Die südlichen Downs in England wurden zum Beispiel während des Ersten Weltkriegs zu einem Großteil mit Chicorée bepflanzt. Dieser wurde als Pferdefutter verwendet, sodass wertvolle Getreidevorräte für die Menschen erhalten blieben und das Grasland für die Milch- und Fleischproduktion verfügbar war. Wenn wir denselben Ansatz in kleinerem Maßstab auf unserem Gartengrundstück anwenden, können wir allen verfügbaren Raum zu maximalem Nutzen für uns arbeiten lassen.

Die vertikalen Ränder von Terrassen sind (wie wir oben gesehen haben) für Steingartenkultivierung oder für Hänge- und Kletterpflanzen geeignet. Wo die Himmelsrichtung entsprechend ist, können sie sich auch als gute Sonnen- und Wärmespeicher für Obstbäume und -sträucher erweisen.

Nach einer Zeit können die Terrassen mit Steinmauern befestigt werden. Wenn sie gut bepflanzt sind, können sogar leicht abschüssige Erdwälle ausreichen – dies ist immerhin die Methode, die beim Anlegen der Reisfelder eingesetzt wird! Vergegenwärtigen Sie sich dabei und in allen Dingen das alte Prinzip: Ein guter, bescheidener Plan hat größere Chancen, erfolgreich ausgeführt zu werden, als ein zu ehrgeiziger Plan, der aus guter Absicht begonnen wird, aber unsere Möglichkeiten überschreitet.

Zusätzliche Elemente

Ein Haus ist eine Lebensmaschine.

LE CORBUSIER, 1923

Jeder Garten bietet uns eine Vielzahl von Nutzungsvarianten und Möglichkeiten des Zusammenspiels von Rand und Fläche. Zusätzlich im Garten eingefügte Elemente können je nach Fähigkeit und vorhandenem Platz ausgerichtet sein.

Häuser

Für die meisten Menschen gilt das Wohnhaus als die wichtigste von Menschenhand gefertigte Konstruktion innerhalb des Gartens. Häuser gibt es in allen erdenklichen Formen und Ausführungen sowie in einer breiten Palette von Materialien. Häuser können sich sehr schön in die Landschaft einfügen oder Teil eines monströsen städteplanerischen Projekts sein, wobei der Entwurf dann eher die maximale Ausnutzung der Bodenfläche berücksichtigt als die herrschenden Wetterbedingungen oder bestimmte, von der Jahreszeit abhängige Vorteile, die durch entsprechende Platzierung des Hauses ausgenutzt werden könnten. Man kann wahrscheinlich davon ausgehen, dass die meisten Wohnhäuser in Westeuropa und Nordamerika einfach an irgendeine Stelle hingesetzt werden und dass die jeweilige Hauslage in den meisten Fällen nicht auf einer bewussten Planung beruht.

Wir sprechen im Allgemeinen von »Haus und Garten«, als handele es sich dabei um zwei voneinander getrennte Einheiten. Beim Permakultur-Garten gehen wir davon aus, dass Haus und Garten Teile eines größeren und umfassenderen Systems ausmachen, in welchem sich das eine mit dem anderen vermischt. Das Haus kann selbst ja auch ein Ort sein, in dem Nahrungsmittel – von zarten kulinarischen Kräutern, die in der Küche überwintern, bis zu Pilzen im Keller – gezogen werden.

Kindern macht es viel Spaß, Sprossen in Keimgefäßen zu ziehen, die in den meisten Bioläden für wenig Geld erhältlich sind. Ein Marmeladenglas mit eingestochenem Deckel funktioniert übrigens genauso gut wie die hübschen käuflichen Gefäße. Bei Kindern ist es besonders beliebt, Senf und Kresse auf dem Fensterbrett in der Küche zu ziehen. Dies ist auch ein gutes Beispiel für die Erzeugung frischer, nähr- und vitaminreicher Blattgemüsesorten im Haus selbst.

Das Hausinnere ist ein gut geeigneter Ort für die Anzucht von neuen Gartenpflanzen aus Kernen und Samen, die den Nahrungsmitteln beim Verzehr in der Küche entnommen werden. Der Wohnraum bietet außerdem die Möglichkeit, frühe Sämlinge anzuziehen, die nach Ende der Frostperiode in den Garten gepflanzt werden können. Sämlinge, die auf dem Fensterbrett in der Küche angezogen werden, wachsen leider häufig zu rasch und leiden dann erheblich, wenn sie in das Außenklima verpflanzt werden. Man muss daher genau abwägen, um den Pflanzen einerseits einen schnelleren Start zu gewähren und um andererseits sicherzugehen, dass diese Pflanzen auch kräftig genug sind und den Klimawechsel überstehen. Pflanzen, die auf dem Fensterbrett angebaut werden, sollten öfter gedreht werden, um einseitiges Wachstum zu verhindern, das darauf zurückzuführen ist, dass sich die Pflanzen immer zur Sonne drehen.

Lagerung

Ein Aspekt des Zusammenspiels von Haus und Garten zeigt sich in der Art und Weise, wie wir Materialien von draußen nach drinnen befördern und lagern. Im ressourcenbewussten Haushalt sucht man immer nach Möglichkeiten, die Effizienz zu erhöhen, sodass der Arbeitsaufwand auf ein Minimum reduziert wird. Deshalb ist es wichtig, dass ein Thema wie Brennstofflagerung gut durchdacht wird. Lagern Sie Ihr Kaminholz an einem trockenen Ort, der an stürmischen Winterabenden leicht zu erreichen ist? Oder müssen Sie sich in der Finsternis zu einem nassen Winkel vorkämpfen wie der Statist in der Verfilmung von Emily Brontës »Sturmhöhen«? Wenn Sie Holz verwenden, sorgen Sie für eine angemessene kleine Lagerstätte innerhalb des Hauses, sodass Sie an kalten, nassen und verschneiten Winterabenden nicht durch den halben Garten waten müssen, nur um Brennholz zu holen.

Dies bedeutet auch, dass dank dieser Lagerstätte im Hausinneren ein ausreichender Kurzzeitvorrat an gut getrocknetem Holz vorhanden ist, der im Ofen schnell angeht. Wenn es der Platz erlaubt, kann man dieses System so ausweiten, dass ein Vorrat für die sofortige Nutzung direkt neben dem Ofen angelegt wird, ein Zwischenlager möglichst hinter dem Haus sowie ein Hauptlagerplatz außerhalb des Hauses, nicht allzu weit entfernt.

Ein ähnliches Prinzip gilt für das Sammeln und Lagern von Gartenfrüchten. Es ist eine wunderbare Sache, große Mengen an Früchten wie Äpfel oder Kürbisse anzubauen, doch ist dies so gut wie sinnlos, wenn keine geeigneten Lagermöglichkeiten vorhanden sind. Wer will schon eine weite Strecke zurücklegen, um zur Vorratskammer zu gelangen? Wenn Sie jedoch 20 Kisten Äpfel in Ihrem Garten über den Sommer geerntet haben, wollen Sie nicht das ganze Obst in unmittelbarer Küchennähe aufbewahren. Eine Kiste ist jeweils genug.

Es ist daher unvermeidbar, dass Haus und Garten zu einer Reihe von Übergangsplätzen werden. Ein überdachter Anbau am Haus ist das am weitesten verbreitete Beispiel eines solchen Übergangsplatzes, doch auch sonst befinden sich im Eingangsbereich vieler Häuser Abstellplätze, Schuhschränke, kleine Korridore und ähnliche Orte, die sich zur Aufbewahrung von Gegenständen anbieten; was Pflanzen betrifft, kann man in diesen Ecken auch so manches anbauen. Eingang und Ausgang sind an sich schon Übergangsplätze des Wohnhauses, weshalb es wichtig ist, dass diese Orte so einladend wie möglich sind. Die Planung der Eingangs- oder Hintertür und des unmittelbar daran anschließenden Raums beeinflusst die Gesamtatmosphäre des Hauses sowohl in den Augen der Bewohnerinnen und Bewohner als auch in den Augen der Gäste.

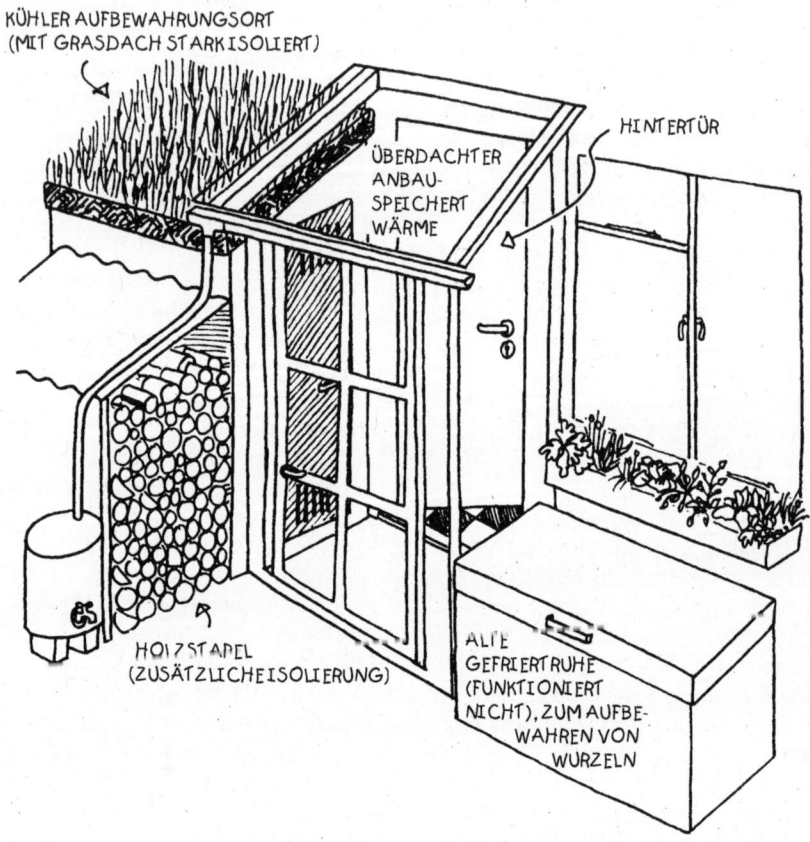

KÜHLER AUFBEWAHRUNGSORT
(MIT GRASDACH STARK ISOLIERT)

ÜBERDACHTER
ANBAU-
SPEICHERT
WÄRME

HINTERTÜR

HOLZSTAPEL
(ZUSÄTZLICHE ISOLIERUNG)

ALTE
GEFRIERTRUHE
(FUNKTIONIERT
NICHT), ZUM AUFBE-
WAHREN VON
WURZELN

Leichten Zugang zu einem angemessenen Lagerraum zu haben, kann
die jährliche Gesamtdauer des Genusses unserer Erträge verlängern.

Von einer Tätigkeit im Haus zu einer Tätigkeit im Garten überzugehen, sollte kein
furchtbarer Aufwand sein. Müssen Sie bis
ans andere Ende des Gartens gehen, wo
der Schuppen mit den Gartengeräten »im
Abseits« versteckt liegt, um ein bestimmtes
Arbeitsgerät zu holen? Oder gibt es einen
praktischen Aufbewahrungsort gleich in
der Nähe der Hintertür? Ersteres wäre für
Sie von Nachteil. Wenn Eimer und Schaufel immer an demselben Ort direkt am Eingang aufbewahrt werden, ist es leichter,

sich mehrmals am Tag für fünf oder zehn
Minuten um den Garten zu kümmern.
Dies wäre nicht möglich, wenn ein großer
Aufwand erforderlich wäre, um überhaupt
anfangen zu können.

Dachbereiche
Gebäudedächer sind entweder flach (im
Bauwesen bezeichnet man Dächer als
flach, deren Neigung weniger als 7 Grad
beträgt) oder schräg. Ein unmittelbarer
Vorteil dieser Bereiche ist die Möglichkeit,

mit ihnen Wasser für den Garten zu sammeln. In Haushalten, bei denen das Regenwasser sofort abfließt, sollte versucht werden, die Abflussrohre zu unterbrechen, um das Wasser in Regentonnen im Garten zu sammeln.

Ein Dach eignet sich auch zum Anbau von Pflanzen. Die traditionellen Grasdachhäuser in Norwegen bieten dem Haus nicht nur einen natürlichen Schutz, sondern auch zusätzliche Isolierung. Dächer können mit attraktiven Pflanzen bepflanzt werden, die uns mit ihrem Duft erfreuen, wenn wir das Gebäude betreten oder verlassen. Lassen Sie Ihrer Phantasie freien Lauf, wenn Sie sich Dachbedeckungen aus Biomasse einfallen lassen. Alles was Sie brauchen, ist eine dichte Unterlage, sodass kein Wasser durch das Dach in das Gebäude dringen kann. Ein lebendiger Dachbereich kann auch so angelegt sein, dass Regenwasser in Dachrinnen aufgefangen wird. Ein derartig gestalteter Dachbereich

kann natürlich auch ein Ort für den Gemüseanbau sein. Sorgen Sie dafür, dass das Wassersammelsystem sicher ist, dass Sie nur gut gesicherte Leitern bei der Anlegung verwenden und dass ein Dachbereich, der betreten wird, auch stark genug ist, das zusätzliche Gewicht zu tragen.

Lebendige Mauern

Der nächste Bereich, den es im Haushalt als mögliche Ertragsfläche zu berücksichtigen gilt, ist der vertikale Bereich der Mauern. Mauern bilden Stützen für Kletterpflanzen, die entweder direkt an der Wand oder mit etwas Abstand zur Wand emporwachsen können. Die Pflanzen direkt an der Wand hochklettern zu lassen, erfordert etwas weniger Anstrengung, und traditionelle Systeme verwenden Ösen mit Draht, der horizontal gespannt wird und den Pflanzen feste Punkte zum Klettern gibt.

Eine andere Möglichkeit besteht darin, ein Spalier an der Hauswand anzubringen,

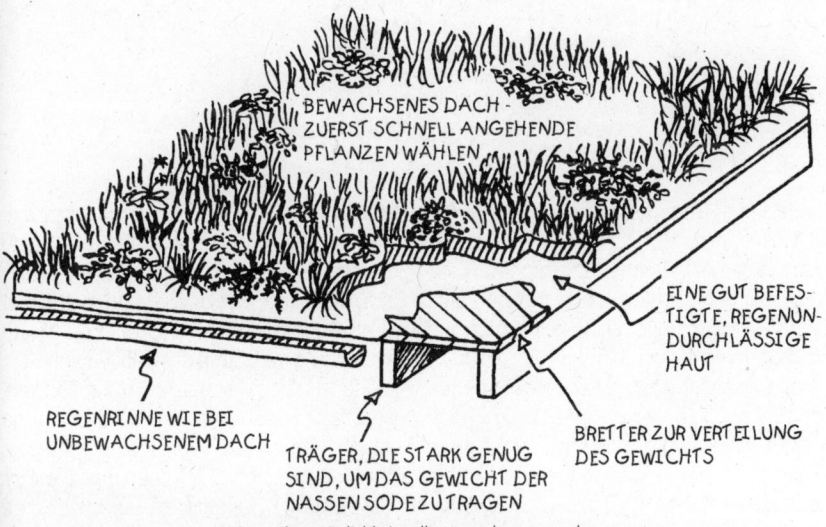

BEWACHSENES DACH -
ZUERST SCHNELL ANGEHENDE
PFLANZEN WÄHLEN

EINE GUT BEFESTIGTE, REGENUNDURCHLÄSSIGE HAUT

REGENRINNE WIE BEI UNBEWACHSENEM DACH

TRÄGER, DIE STARK GENUG SIND, UM DAS GEWICHT DER NASSEN SODE ZU TRAGEN

BRETTER ZUR VERTEILUNG DES GEWICHTS

Keine Anbaumöglichkeit sollte ausgelassen werden.

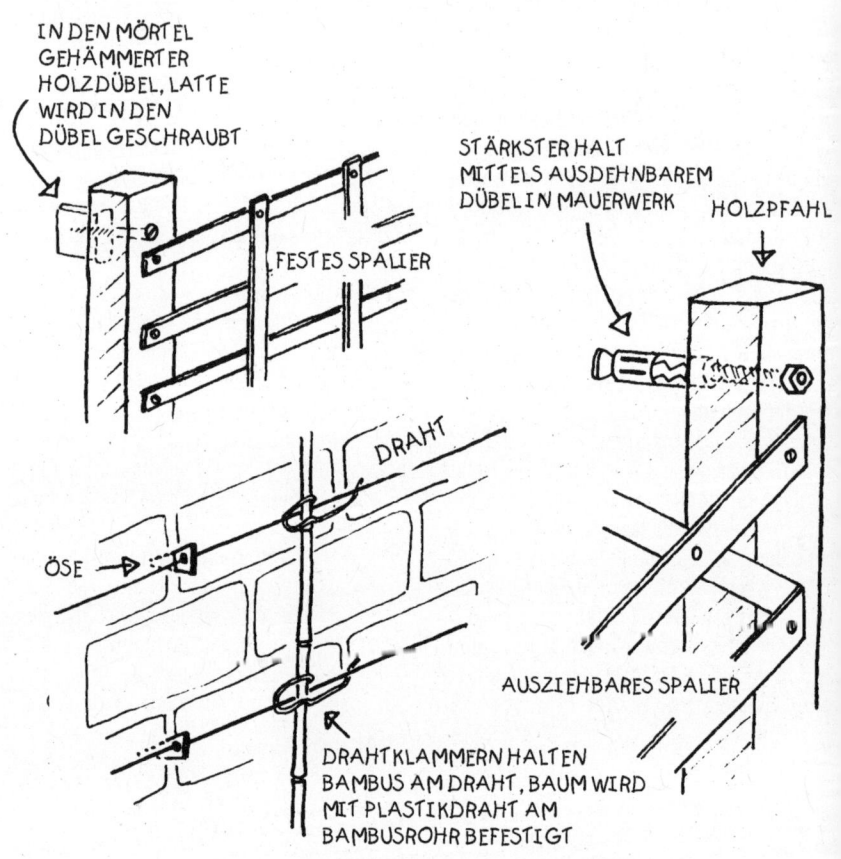

IN DEN MÖRTEL GEHÄMMERTER HOLZDÜBEL, LATTE WIRD IN DEN DÜBEL GESCHRAUBT

FESTES SPALIER

STÄRKSTER HALT MITTELS AUSDEHNBAREM DÜBEL IN MAUERWERK

HOLZPFAHL

DRAHT

ÖSE

AUSZIEHBARES SPALIER

DRAHTKLAMMERN HALTEN BAMBUS AM DRAHT, BAUM WIRD MIT PLASTIKDRAHT AM BAMBUSROHR BEFESTIGT

Eine gute Halterung sorgt für dauerhafte Kletterpflanzen.

sodass ein Luftpuffer zwischen Wand und Pflanze entsteht. Dies hat den Vorteil, dass sich ausbreitende Pflanzen wie Efeu am Spalier wachsen und nicht am Haus selbst. Dadurch können Schäden am Haus in Form von Verschleiß des Mörtels zwischen Backsteinen und Mauerwerk eingedämmt werden.

Wie bei der Dachbedeckung sorgen auch an der Hauswand wachsende Pflanzen für eine Isolierung des Hauses. Efeublätter stellen sich in den kühleren Monaten des Jahres senkrecht auf, da die Sonne niedriger am Himmel steht und bieten so eine bessere Isolierung als im Sommer, wenn sich die Blätter waagerecht stellen und den Zwischenraum zwischen Spalier und Mauer belüften und damit das Gebäude kühlen.

Hausmauern dienen auch als Sonnenspeicher; sie speichern die Wärme und sorgen für ein wärmeres Mikroklima in ihrer unmittelbaren Umgebung. Da dies besonders nützlich für heranreifende Früchte ist, werden obsttragende Pflanzen traditionell an Hausmauern gezüchtet. Es ist erstaunlich, dass dies nicht öfter gemacht wird, besonders in kleinen Gärten, wo für ausgewachsene Bäume nur wenig Platz zum Ausreifen vorhanden ist, ohne dass andere erwünschte ertragbringende Pflanzen in den Schatten gestellt werden.

Äpfel, Birnen, Kirschen und Pflaumen lassen sich unter diesen Umständen leicht als Kletterpflanzen heranziehen. Wo das Klima ausreichend warm ist und die Mauer gut geschützt liegt, können andere nützliche Obstsorten wie Kiwis, Weintrauben, Aprikosen, Pfirsiche und Feigen gezogen werden. Brombeeren und die verschiedenen Kreuzungen aus Brombeere und Himbeere fühlen sich allesamt an einer Mauer wohl. Sie gedeihen jedoch auch in schattigen Verhältnissen gut, sodass es vielleicht besser ist, sie an schattige Orte unter Bäume zu setzen, damit die im Sonnenlicht stehende Mauerfläche für Gewächse verwendet werden kann, die mehr Sonnenlicht benötigen.

Dies bezieht sich größtenteils auf Mauern, die im vollen oder teilweisen Sonnenlicht stehen. Die auf der Schattenseite des Hauses befindlichen Mauern können an einer Seite des Hauses mit zusätzlichen kühlen Vorratskammern versehen werden, und da dieser Bereich nicht so gut für den Anbau von Pflanzen geeignet ist, bietet er sich auch als der passendste Ort für die Aufbewahrung von wiederverwertbarem Material an. Es gibt einige Kletterpflanzen wie Winterjasmin und *Hydrangea petiolaris*, die im Schatten gut gedeihen. Wenn eine Hintertür zu einem derartigen schattigen Bereich führt, könnten hier Altglas und Altpapier gesammelt werden.

Dabei muss man jedoch berücksichtigen, dass manche Obstbäume besser an schattigen Orten gedeihen, da sie so dazu veranlasst werden, erst später im Jahr zu blühen. Aufgrund der verzögerten Entwicklung, die eine schattige Umgebung ermöglicht, können normalerweise sehr früh blühende Sorten auf diese Weise dazu gebracht werden, mit der Blüte zu warten, bis der schwerste Frost vorüber ist. In den gemäßigten Klimazonen lässt man zum Beispiel Kirschen traditionell an schattigen Mauern wachsen.

Der gesamte Ertrag der Übergangszone Haushalt/Garten kann erheblich gesteigert werden, wenn Anlehngewächshäuser an das Haus angebaut werden. Wie im nächsten Absatz gezeigt wird, haben sie gegenüber freistehenden Gewächshäusern in vielerlei Hinsicht große Energievorteile.

Gewächshäuser

Das Gewächshaus ist eine wunderbare Erfindung. Es bedeutet einen minimalen Eingriff in die Natur und fungiert zugleich als Sonnenspeicher: Durch die Scheiben dringendes Sonnenlicht wird reflektiert und kann nicht wieder vollständig entweichen. Das Gewächshaus selbst wird zu einem Speicher für Sonnenenergie und weist eine höhere Temperatur als die umliegende Luft auf. Wenn es an ein Gebäude angelehnt ist, hat es den zusätzlichen Nutzen, den Wärmeverlust dieses Gebäudes zu reduzieren, da weitaus weniger Luft als sonst über die Oberfläche des Gebäudes strömt. Die Gestaltung des Eingangsbereichs des Hauses als Gewächshaus bringt dem Haushalt einen andersartigen, zusätzlichen Energiepluspunkt. Das Volumen an warmer Luft, das durch das Betreten oder Verlassen des Hauses verlorengeht, wird reduziert. Ein Zwei-Türen-System bedeutet, dass man (im schlimmsten Fall) das Volumen des Vorbaus oder Gewächshauses verliert, anstatt die

Luftmenge des ganzen Flures. Dies setzt natürlich voraus, dass alle Menschen, die hier wohnen, das einfache System stets geschlossener Türen befolgen! Automatische Türschließung kann helfen, muss jedoch vorsichtig gehandhabt werden, damit keine kleinen Finger beim Schließen der Tür eingeklemmt werden.

Aufgrund ihrer Eigenschaft als Sonnenenergiespeicher können Gewächshäuser auch dazu benutzt werden, Gartenlauben oder anliegende Hühnerställe oder jede andere vorstellbare Konstruktion zu heizen.

Gewächshäuser können äußerst nützlich sein, wenn es darum geht, die Wachstums-periode zu verlängern oder die Erzeugung von Pflanzen zu ermöglichen, die sonst nur in einem wärmeren Klima als dem unseren vorkommen. Dort, wo ich in Südschottland lebe, wäre es töricht, mit dem letzten Frost früher als Anfang Juni zu rechnen, und der erste Frost ist bereits im September zu erwarten. Solche Verhältnisse erschweren es, eine gute Ernte von bestimmten Sorten, wie zum Beispiel Stangenbohnen, zu erwarten, die in wärmeren Klimazonen gedeihen. Wenn die Pflanzen in Töpfen im Gewächshaus angezogen werden, kann die Wachstumsperiode für diese Sorte um ein oder zwei Monate verlängert werden.

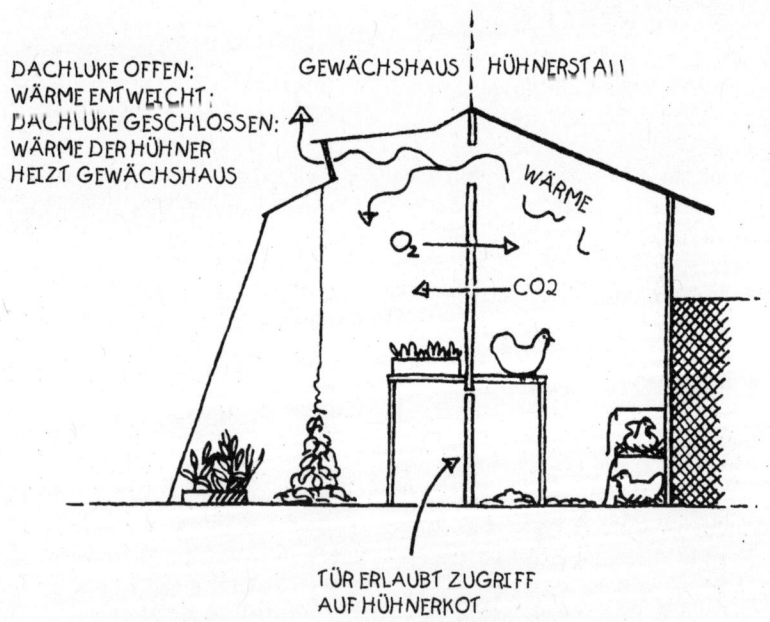

DACHLUKE OFFEN:
WÄRME ENTWEICHT;
DACHLUKE GESCHLOSSEN:
WÄRME DER HÜHNER
HEIZT GEWÄCHSHAUS

GEWÄCHSHAUS | HÜHNERSTALL

WÄRME

O_2 →

← CO_2

TÜR ERLAUBT ZUGRIFF
AUF HÜHNERKOT

Das Hühnergewächshaus stellt eine hervorragende Möglichkeit dar,
die Energie dorthin umzuleiten, wo sie gebraucht wird, anstatt sie zu vergeuden!

Nicht weit von meinem Wohnort entfernt wird seit 120 Jahren Wein zu gewerblichen Zwecken angebaut. Dies ist aufgrund der einfachen Konstruktion mit Namen Gewächshaus möglich. Und das auf demselben Breitengrad wie Moskau!

Gewächshäuser können so konstruiert sein, dass Regenwasser von allein gesammelt wird. Es gibt sehr gute Ausführungen, wo die Abflussrohre und Regenrinnen den Niederschlag in entsprechende Tanks innerhalb des Gewächshauses leiten, sodass die Bewässerung der Gewächshauspflanzen mit einem Minimum an Arbeit verbunden ist. Wenn wir dem Gewächshaus eine große Bedeutung für die Erzeugung von Lebensmitteln beimessen, lohnt es sich, ein sich selbst versorgendes Wassersystem zu installieren und so den Arbeitsaufwand zu verringern.

Es ist notwendig, das Mikroklima des Gewächshauses das ganze Jahr unter Kontrolle zu halten. In der Viktorianischen Zeit war es üblich, eine Weinrebe außerhalb des Gewächshauses anzupflanzen und sie durch ein Loch in der Wand ins Gewächshaus hineinwachsen zu lassen, sodass die Pflanze nicht bewässert werden musste; ihre Wurzeln waren ja draußen, wo sie den Nutzen des Regenwassers genossen. Die Pflanze produzierte Blätter und Früchte innerhalb des Gewächshauses, was den Vorteil hatte, dass das Gewächshaus im Sommer durch die Schatten spendenden Blätter dieser Laubpflanze gekühlt wurde und im Winter im vollen Sonnenlicht stand, da die Reben nun kahl waren.

Es gibt sehr raffinierte Vorrichtungen wie etwa per Thermostat geregelte Dachluken, die das Gewächshaus kühlen, die Schatten spenden und dafür sorgen, dass der Wein nicht zu sehr von der hochsommerlichen Hitze beeinträchtigt wird. Sie haben den Vorteil, dass man nicht daran denken muss, die Luken zu öffnen, damit die Pflanzen nicht verbrennen.

Es ist auch sehr nützlich, sich relativ »passive« Möglichkeiten auszudenken, wie das Gewächshaus geheizt werden kann. Dies ist am Anfang und am Ende des Sommers besonders wichtig, wenn das Gewächshaus nachts stark abkühlt. Eine Methode besteht darin, einen Grauwasserteich für benutztes Küchen- und Badewasser im Gewächshaus einzuplanen, wo das Wasser kurz verweilt, bevor es an einen anderen Ort im Garten weitergeleitet wird. So ergibt sich ein Übergangsstaubecken mit noch warmem Waschwasser, dessen Wärme im Gewächshaus entweicht und dieses somit erwärmt. Eine andere Möglichkeit der biologischen und mühelosen Gewächshauserwärmung besteht darin, die Hühner dort übernachten zu lassen. Sollte Ihr Haus energiewirtschaftlich ineffiziente Einrichtungen enthalten – etwa, dass sich der Kamin an einer Außenwand befindet – ist diese Wand der geeignete Ort zur Anlage eines Gewächshauses, das dann die Wärme abfangen kann, die ansonsten durch die Außenwand des Hauses entweichen würde. Komposthaufen innerhalb von Gewächshäusern können für zusätzliche Wärme sorgen.

Heutzutage gibt es viele attraktive Ausführungen von »Wintergärten«, die vor allem für den größeren Geldbeutel gedacht sind. Wir sollten uns in Erinnerung rufen, dass ein Gewächshaus nicht immer ein Wunderwerk aus Aluminium und teurem Glas sein muss, um seine Wirkung zu tun. Viele gute Gewächshäuser wurden aus Schrott gebaut. Tony Wrench hatte die fabelhafte Idee, seine Gewächshäuser aus alten Windschutzscheiben zusammenzubasteln:

Halte eine Windschutzscheibe in deinen Händen – sie ist schwer, glatt, optisch vollkommen – und dir wird klar, dass diese Schöpfung aus Menschenhand in jedem Zeitalter und in jeder Kultur mit Ausnahme der unsrigen als ein Wunder von unschätzbarem Wert gelten würde.

TONY WRENCH,
PERMACULTURE NEWS #23, 1991

Auf Schrottplätzen erhältliche Windschutzscheiben können auf Holzrahmen montiert werden. Sie sollten jedoch so weit überlappen, dass der Regen ablaufen kann.

Da immer mehr alte Gebäude modernisiert werden und alte Fenster herausgenommen und weggeworfen werden, entsteht hier eine gute Quelle wiederverwertbarerer Materialien zur Herstellung von Frühbeeten und Gewächshäusern. Einfache und preiswerte Gewächshäuser können auch aus durchsichtigem Wellplastik konstruiert werden. Wer eine größere Summe investieren möchte, kann auf moderne, energiesparende Materialien wie dreifach beschichtetes Polykarbonat zurückgreifen. In Achiltibuie in Wester Ross, Schottland, gelingt es, auf dem 58. nördlichen Breitengrad in einem ungeheizten Gewächshaus Bananen anzubauen. Der Winkel zwischen dem Glasmaterial und der Sonneneinstrahlung hat einen messbaren Einfluss auf das im Gewächshaus herrschende Klima; und sogar auf einem Breitengrad, der als subarboreal bezeichnet wird (nach Tundra das unwirtlichste Klima), ist es möglich, ein subtropisches Klima innerhalb einer entsprechenden Konstruktion aufrechtzuerhalten.

Tony Wrench probierte vor kurzem eine andere innovative Idee zur Verwirklichung eines schnellen und einfachen Gewächshauses in Wales aus, indem er eine Kuppel-

konstruktion aus 4 m langen Weidenruten baute. Er bedeckte die Konstruktion mit strapazierfähiger UV-Plastikfolie (wird im landwirtschaftlichen Handel geführt), wobei er die Wichtigkeit betont, dass die Bedeckung aus einer einzigen Folie erfolgen muss, und Falten mit Klebeband heruntergepresst werden. (Dies ist eine Variante des Laubendesigns auf S. 21.)

Wenn Mutter Erde und Vater Sonne es wollen, werden in ein bis zwei Monaten Blätter aus den Streben sprießen. Im August werden die vielen Blätter in der Mittagssonne Schatten spenden, aber es wird noch immer reichlich Licht vorhanden sein. Erst im November wird es in dem Gewölbe Herbst; die Blätter fallen und lassen bis zum nächsten Frühling mehr Licht hinein. Nach vier oder fünf Jahren, wenn der Boden ein bisschen müde ist, entferne ich die Plastikfolie und habe nun eine magische Gartenlaube inmitten eines wachsenden Weidenwäldchens.

TONY WRENCH,
PERMACULTURE NEWS #15, 1989.

Eine Sache, die es bei Gewächshäusern zu berücksichtigen gilt, ist die rasche Versauerung des Bodens und seine Anfälligkeit für Schädlinge, was darauf zurückzuführen ist, dass der Boden den äußeren Bedingungen nicht ausgesetzt ist. Wer Gewächshäuser in großem Umfang einsetzt, kann als Lösung des Problems eine Konstruktion auf Schienen anfertigen, sodass das Gewächshaus jedes Jahr auf frischen Boden geschoben werden kann. Dabei reicht es, nur zwei Bodenflächen abwechselnd zu nutzen und das jeweils freie Stücke mit einem anderen Gewächs zu bepflanzen, wie z. B. mit Bohnen, sodass sich der Boden erholen

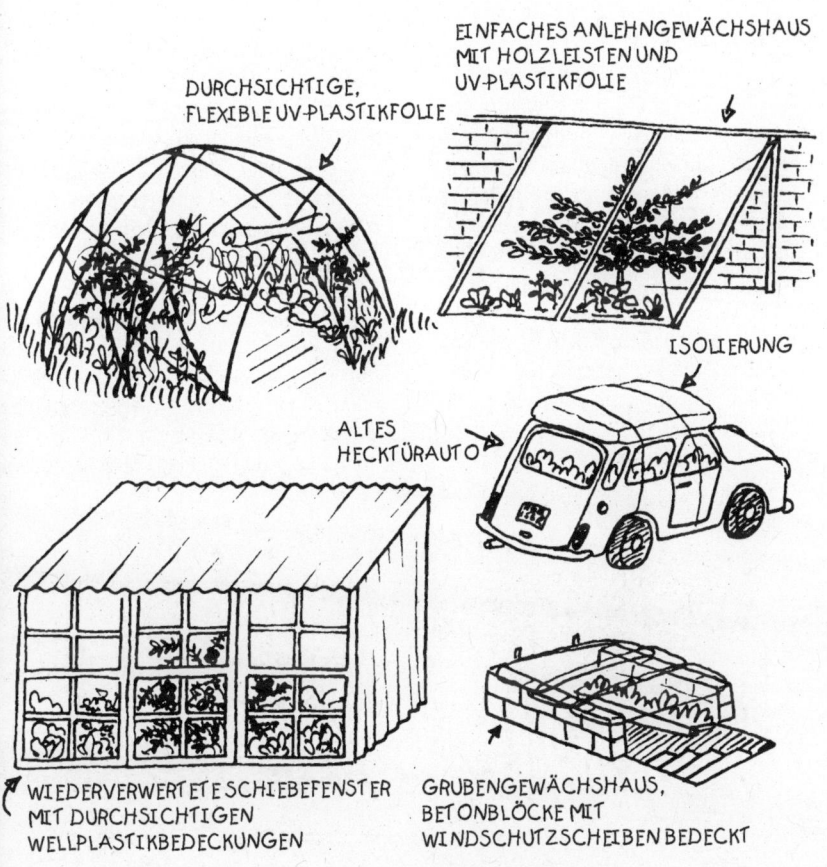

DURCHSICHTIGE,
FLEXIBLE UV-PLASTIKFOLIE

EINFACHES ANLEHNGEWÄCHSHAUS
MIT HOLZLEISTEN UND
UV-PLASTIKFOLIE

ISOLIERUNG

ALTES
HECKTÜRAUTO

WIEDERVERWERTETE SCHIEBEFENSTER
MIT DURCHSICHTIGEN
WELLPLASTIKBEDECKUNGEN

GRUBENGEWÄCHSHAUS,
BETONBLÖCKE MIT
WINDSCHUTZSCHEIBEN BEDECKT

Hauptbestandteil dieser Entwürfe zur Steigerung
des Gartenertrags ist die Phantasie.

kann, bevor er wieder innerhalb des Gewächshauses verschwindet.

Ansonsten wird es notwendig sein, die Erde des Gewächshauses ab und zu auszugraben und zu erneuern. Es gibt einige gute Ideen für die biologische Bewirtschaftung zur Dezimierung von Schädlingen in Gewächshäusern, u. a. die Idee, dass regelmäßig Geflügel wie Enten, Gänse oder Hühner ins Gewächshaus gelassen werden, um dort aufzuräumen. Gelegentliches Säen von Gründünger hilft ebenfalls.

Spaliere

Je kleiner der Garten, umso wichtiger ist es, den vertikalen Wuchsraum zu vergrößern. Es ist möglich, den Wuchsraum des Gartens mit Hilfe einfacher Spaliere zu verdoppeln und Platz für Obstgewächse, Stangenbohnen und andere Kletterpflanzen zu schaffen. Außerdem haben Spaliere den Vorteil, weitere mikroklimatische Möglichkeiten zu schaffen, indem sie für schattige Stellen und Sonnenspeicher sorgen.

Vertikaler Raum kann sowohl für echte Kletterpflanzen genutzt werden als auch für eine Vielzahl anderer Pflanzen, die man senkrecht hochwachsen lassen kann, auch wenn dies für die jeweilige Pflanze vielleicht nicht üblich ist. Geißblatt ist zum Beispiel eine echte Kletterpflanze, während Sträucher wie *Chaenomeles japonica* (Japanische Quitte) nur durch Anbringen an eine vertikale Struktur dazu gebracht werden können, wie eine Kletterpflanze zu wachsen.

Spaliere können alle möglichen Formen haben, angefangen bei den üblichen gitterartigen Spalieren bis zu sehr phantasievollen Modellen, die außergewöhnliche Charakteristika aufweisen, z. B. Wegüberdachungen und Pergolen. Mit lebendigen

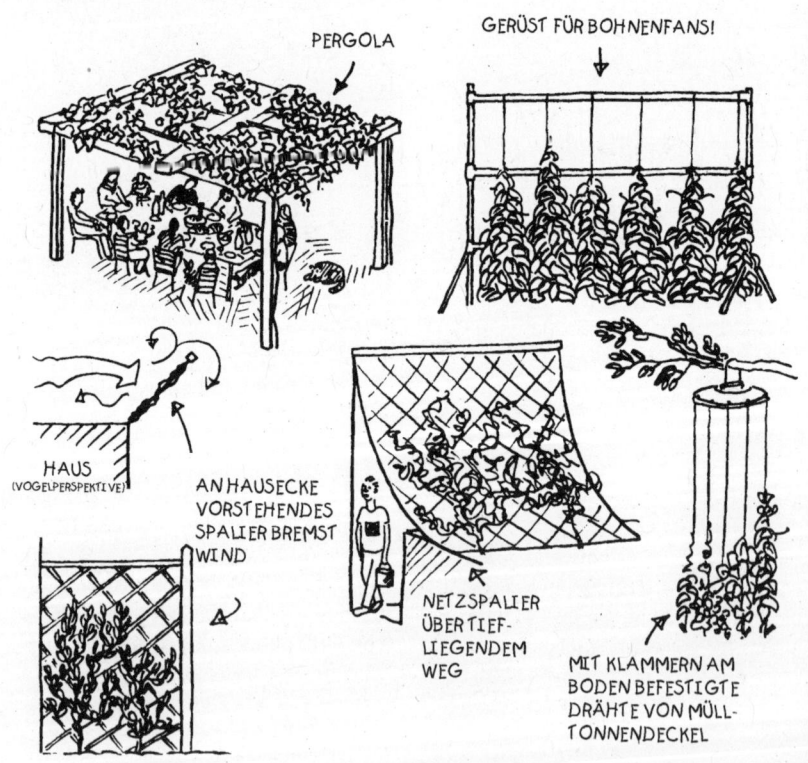

PERGOLA

GERÜST FÜR BOHNENFANS!

HAUS
(VOGELPERSPEKTIVE)

AN HAUSECKE VORSTEHENDES SPALIER BREMST WIND

NETZSPALIER ÜBER TIEFLIEGENDEM WEG

MIT KLAMMERN AM BODEN BEFESTIGTE DRÄHTE VON MÜLLTONNENDECKEL

Die Luft ist ein riesiger freier Wuchsraum.

Pflanzen überdachte Orte bieten willkommene Erholung an heißen Sommertagen und tragen zur Lebendigkeit von Haus und Garten bei, indem sie attraktive Plätze zum Arbeiten oder Essen im Freien schaffen. Dass schattige Spielecken für Kinder zur Verfügung stehen sollten, damit sie nicht der Hitze der vollen Sommersonne ausgesetzt sind, wurde bereits erwähnt.

Spaliere müssen nicht aus teuer erstandenen Komponenten konstruiert werden, obwohl viele dieser Ausführungen sehr hübsch anzusehen sind. Es gibt reichlich Gelegenheit, aus alten Materialien etwas im Garten zu bauen, und mit Liebe zum Detail und viel Sorgfalt können solche Elemente auch sehr schön aussehen. Wenn Holz verwendet wird, sollte man sich vergewissern, welche Holzarten langlebig sind, und es sollte sichergestellt sein, dass das Holz so gut wie möglich behandelt worden ist. Moderne Holzschutzmittel sorgen für einen gleichmäßigen Anstrich, der sich gut mit der Holzfarbe verträgt. Man muss alte Holzreste nur sorgfältig sägen und anstreichen, und schon können sie so gut aussehen wie neues Holz. Achten Sie aber darauf, dass keine alten Nägel mehr vorhanden sind!

Spaliere können auch aus Draht, der zwischen Pfähle gespannt wird, angefertigt werden, und zwar so, dass die Pflanzen, die an den Drähten emporwachsen, selbst zu lebendigen Spalieren werden und der Draht überflüssig wird. Es ist sogar möglich, Spaliere zu bauen, die gänzlich aus lebendiger Struktur bestehen. Ein Beispiel dafür wäre es, einen Baum und einen Weinstock im selben Pflanzloch zu pflanzen und den Baum im Alter von zwei oder drei Jahren so zurückzuschneiden, dass er ein horizontales Spalier bildet, auf dem der Wein wachsen kann. Die Entwicklung eines solchen Systems bringt uns wieder zurück zur eingangs erwähnten multifunktionalen Gartenkonstruktion.

Zugang: Wege und Straßen

Beim Anlegen von Wegen oder – sofern Ihr Garten groß genug ist – von Straßen ist in erster Linie zu berücksichtigen, dass die verwendeten Materialien möglichst vor Ort vorhanden sein sollten. Wege sollten widerstandsfähig genug sein, um die Belastungen, denen sie ausgesetzt werden sollen, aushalten zu können, und es ist auch von Vorteil, wenn sie unempfindlich gegenüber Regen und Schnee sind. Gute Abflussmöglichkeiten sollten vorhanden sein, damit die Wege im Regen nicht völlig aufweichen. Im Idealfall sollten sie eine leicht schräge Oberfläche haben, damit das Wasser gut ablaufen kann. Wege können an sich bereits ein sehr gutes Abflusssystem darstellen, sofern sie entsprechend angelegt sind. Das so aufgefangene Wasser sollte anderen Stellen im Garten zugeführt werden, sodass alle Zugangswege Teil eines sich selbst erhaltenden Wassersammelsystems werden.

Zerkleinerter Schotter jeder Art oder Kieselsteine sind sehr gut für Wege geeignet, vorausgesetzt, dass die Oberfläche mit einem relativ dichten Material unterlegt wird, damit Wildkräuter mit besonders langen Wurzeln nicht zu einem Problem werden. Mit Gras überwachsene Wege sind relativ leicht zu pflegen. Obwohl es Zeit kostet, sie zu mähen, ist dies allerdings die einzige Pflege, die sie zur Instandhaltung benötigen. Viele Leute, die sich für Kieswege entschieden haben, bereuen später den Zeitaufwand, den das Jäten, Rechen und Wiederverteilen des Kieses beansprucht, denn der Weg würde sich sonst langsam, aber sicher, in einen Wald zurückverwandeln.

Wenn die Pflanzbereiche in Ihrem Garten nicht alle erreichbar sind, ohne dass auf die Beete getreten werden muss, ist es sinnvoll, einen Vorrat an provisorischen Wegen auf Lager zu haben. Diese können einfach nur aus Brettern bestehen, die zwischen die Reihen gelegt werden, damit sich das Körpergewicht darauf verteilt und so einer Verdichtung des Bodens entgegengewirkt wird. Eine andere gute Variante eines provisorischen Weges ist zum Beispiel ein ausrollbares Bündel aus Sprossen, die an jedem Ende an Seilen befestigt sind. Dieser Gehweg kann leicht von einem Ort zum anderen bewegt und auf kleinem Raum aufbewahrt werden.

Besondere Aufmerksamkeit gilt Wegen auf Hängen. Hier ist es noch wichtiger, dass die Oberfläche gegen Erosion geschützt und dass sie auch bei Nässe rutschsicher ist. Alte Bordsteine, die zum Beispiel nach dem Abriss übrig sind, eigenen sich dazu, eine widerstandsfähige und attraktive Vorderstufe zu bilden, die dahinter mit Kies aufgefüllt wird, sodass eine feste Trittfläche entsteht.

Robuste Bretter können stufenartig mit Pflöcken befestigt werden, damit sie nicht herunterfallen. Hölzerne Stufen werden im Winter mitunter sehr rutschig; deshalb kann ein kleines Stück feinen Maschendrahts, das auf den Brettern befestigt wird, helfen, den unausweichlichen Sturz, den eine rutschige Trittfläche mit sich bringt,

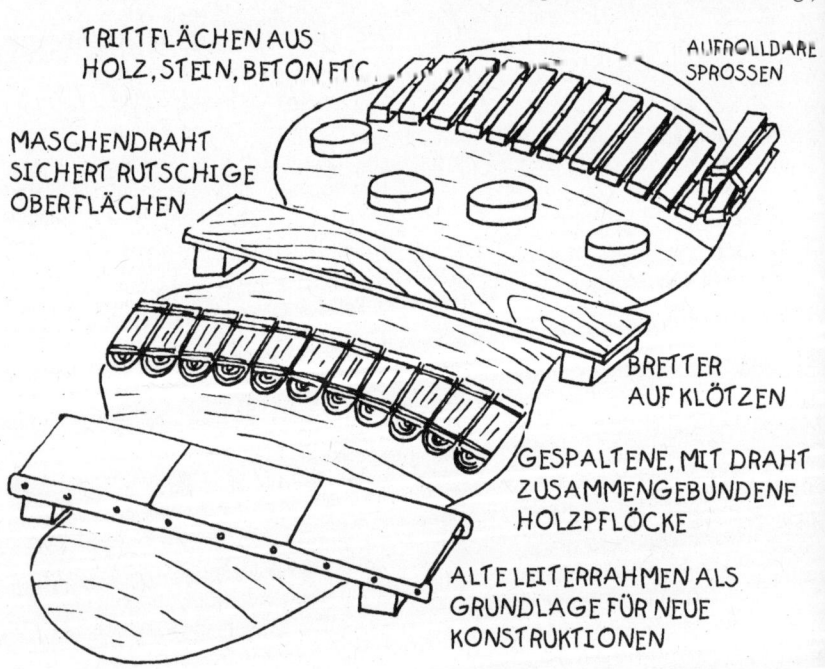

TRITTFLÄCHEN AUS HOLZ, STEIN, BETON ETC.

AUFROLLBARE SPROSSEN

MASCHENDRAHT SICHERT RUTSCHIGE OBERFLÄCHEN

BRETTER AUF KLÖTZEN

GESPALTENE, MIT DRAHT ZUSAMMENGEBUNDENE HOLZPFLÖCKE

ALTE LEITERRAHMEN ALS GRUNDLAGE FÜR NEUE KONSTRUKTIONEN

Es muss nicht sein, dass Wege eine Fläche beanspruchen, die dem Garten »verloren geht«.

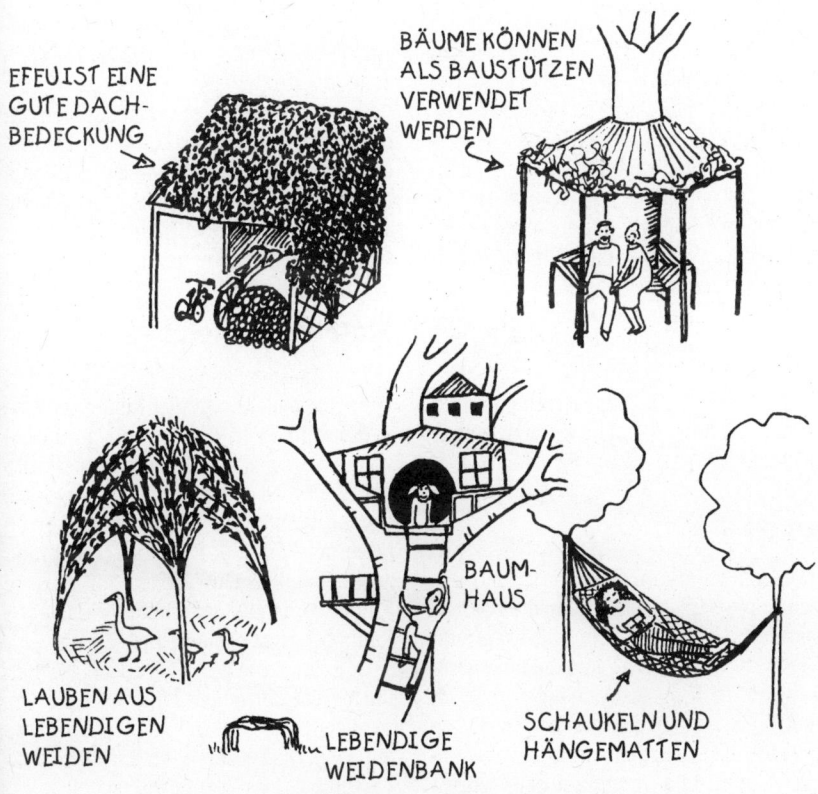

EFEU IST EINE GUTE DACH-BEDECKUNG

BÄUME KÖNNEN ALS BAUSTÜTZEN VERWENDET WERDEN

BAUM-HAUS

LAUBEN AUS LEBENDIGEN WEIDEN

LEBENDIGE WEIDENBANK

SCHAUKELN UND HÄNGEMATTEN

Lebendig bauen im Garten

zu verhindern. Wenn der Garten für Rollstühle und Kinderwagen befahrbar sein soll, ist es notwendig, dass die Oberfläche der Wege ein genügend niedriges Gefälle aufweist, um befahrbar zu sein, und dass die Wege breit genug sind, damit man gut aneinander vorbeikommt.

Es gibt einige nützliche Pflanzen, die sich auf Wegen wohlfühlen und durch diese Lage außerdem sehr profitieren. Viele kleinere Sukkulenten wie Fetthenne sind für diesen Zweck gut geeignet. Einige Pflanzen wie Wiesenkamille gedeihen sogar besonders gut auf Wegen und haben

den zusätzlichen Vorzug, dass sie einen angenehmen Duft verströmen, wenn man auf sie tritt.

Eine andere Möglichkeit, eine strapazierfähige Oberfläche herzustellen, die nicht nach Beton aussieht, besteht darin, perforierte Backsteine in den Boden zu lassen. Die Hohlräume werden mit Erde gefüllt und eingesät. So entsteht eine Oberfläche, die fest genug ist, um Autoverkehr standzuhalten, die jedoch mit etwas Abstand wie eine Grünfläche aussieht.

Für gute Zäune und Gartentüren sollte ebenfalls gesorgt sein. Hier gilt es, Türen zugleich als Barrieren anzulegen, die leicht geschlossen werden können und deren doppelter Zweck darin besteht, dass beispielsweise Kinder nicht hinaus- und unerwünschte Eindringlinge und Tiere nicht hineinkommen können. Die Türen sollten jedoch auch leicht geöffnet werden können, sodass man mit vollen Einkaufstüten oder mit einer randvoll gefüllten Schubkarre gut durch die Tür kommen kann. Gute Ideen für die Gestaltung selbstschließender Tore sowie einige Handbücher mit allerlei Entwürfen, die den verschiedensten ländlichen Stilen gerecht werden, gibt es reichlich.

Wäsche

In vielen herkömmlichen Gartenbüchern wird meist übersehen, dass der Garten auch ein Ort ist, an dem wir ein großes Maß Hausarbeit verrichten. Die häufigste Tätigkeit ist dabei das Aufhängen von Wäsche. Verschandelt die Wäsche den Garten mit diversen unordentlich herumwehenden Hemden und Unterhosen oder können wir darin einen positiven Nutzen sehen? Ich habe mich oft gefragt, welches Vogelscheuchenpotenzial Wäsche haben könnte, die in einem Kohlbeet hängt.

Wäsche muss entweder an einem betretbaren Ort hängen, oder sie muss auf eine Wäscheleine gehängt werden, die über einen Bereich gezogen werden kann, auf den wir nicht treten möchten. Dabei lohnt es sich, darüber nachzudenken, dass das heruntertropfende Wasser einen Nutzen für die sich darunter befindenden Pflanzen haben könnte.

Bedenken Sie, dass die Wäsche möglichst in der Nähe des Hauses hängen sollte, sodass sie leicht hereingeholt werden kann, wenn ein plötzlicher Regenguss die

Arbeit eines ganzen sonnigen Morgens zu zerstören droht.

Die Bleichkraft der Sonnenstrahlen hat den Nutzen, dass sich unsere Kleidung frisch und sauber anfühlt, und was könnte unser Garten Nützlicheres tun, als dafür zu sorgen, dass unsere kostbaren Kleidungsstücke im Garten gut gelüftet werden?

Platz zum Spielen

Für die meisten Familien ist der Garten als Platz für spielende Kinder mindestens genauso wertvoll. Dies hängt jedoch zum Teil vom Alter der Kinder ab, die diesen Platz am ehesten beanspruchen. Für sehr kleine Kinder ist die Beschaffung von Klettergeräten zum Beispiel nicht nötig, während ausreichend große Flächen für größere Kinder vorhanden sein sollten, damit auch Raum für etwas wildere Spiele da ist.

Es sollte in jedem Fall ebene Flächen für die verschiedenen Familienbedürfnisse geben, vom Herumkrabbeln des Babys auf einer Decke über groß angelegte Fußballturniere bis hin zum Familienpicknick. Der traditionelle Rasen kann in eine interessantere Wiese aus gemischten Kräutern und essbaren Pflanzen verwandelt werden. Dies bringt sowohl Ertrag als auch die Reduzierung der unvermeidlichen Arbeit des Mähens mit sich. Biologische Rasenmäher (Kaninchen, Gänse oder Schafe) sind eine weitere Möglichkeit, einen Vorteil aus einem Problem zu ziehen.

Holzspäne geben eine weitere strapazierfähige Unterlage her, auf die Kinder ruhig fallen können. Kletterbereiche können mit Bäumen und Spalieren kombiniert werden, obwohl natürlich sichergestellt werden muss, dass die Konstruktionen stabil genug sind, um das Gewicht der darauf Spielenden tragen zu können. Es sollte auch

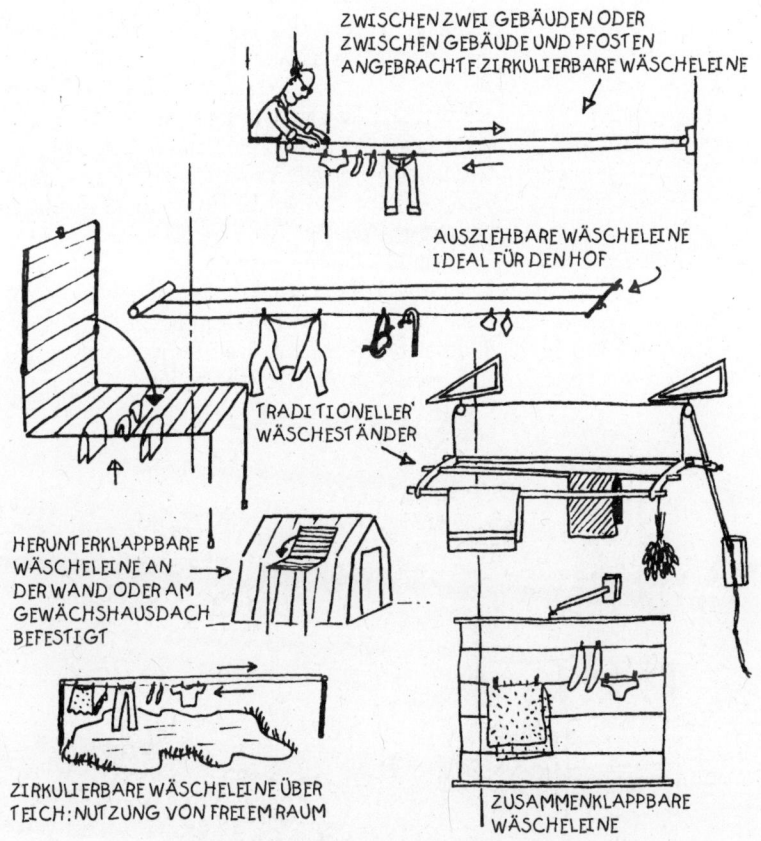

ZWISCHEN ZWEI GEBÄUDEN ODER
ZWISCHEN GEBÄUDE UND PFOSTEN
ANGEBRACHTE ZIRKULIERBARE WÄSCHELEINE

AUSZIEHBARE WÄSCHELEINE
IDEAL FÜR DEN HOF

TRADITIONELLER
WÄSCHESTÄNDER

HERUNTERKLAPPBARE
WÄSCHELEINE AN
DER WAND ODER AM
GEWÄCHSHAUSDACH
BEFESTIGT

ZIRKULIERBARE WÄSCHELEINE ÜBER
TEICH: NUTZUNG VON FREIEM RAUM

ZUSAMMENKLAPPBARE
WÄSCHELEINE

Verschiedene Wäschetrockensysteme, deren Zweck in nichts anderem
besteht als darin, dass die Wäsche im Freien hängen kann.

darauf geachtet werden, dass der Boden unter den Klettergerüsten weich genug ist, um fallenden Kindern eine sanfte Landung zu verschaffen.

Kinder lieben Sandkästen und Wasser in jedem Garten. Spiele mit Wasser bedürfen einer besonderen Vorsicht, damit keine Ertrinkungsgefahr für kleinere Kinder davon ausgeht: Bedenken Sie, dass Kinder schon in ca. 6 cm tiefem Wasser ertrinken können, und achten Sie darauf, dass das nur zum beaufsichtigten Spiel gedachte Wasser leicht abgelassen werden kann.

Es gibt keinen Grund, warum nicht auch Kinderspielzeug eine nützliche Funktion haben könnte; die folgenden Ausführungen stellen einige kreative Ideen dar. Viele dieser Konstruktionen und andere, die Sie sich in Anlehnung an diese Anregungen selbst ausdenken können, sind ganz einfach aus altem Holz herzustellen. Es ist absolut wichtig, dass das Holz frei von Splittern ist, und dass alte Nägel oder Schrauben vollständig entfernt worden sind, bevor man das Holz im Garten benutzt.

Als Weiteres benötigen Sie noch Werkzeuge und zusätzliches Material. Suchen Sie strapazierfähiges Holz aus zweiter Hand, alte Auto- und Traktorreifen, massive Außenverkleidungsbretter, Kettenstücke (5-cm-Glieder), große Nägel und Schrauben. Sie können Ihrer Phantasie freien Lauf lassen, aber lassen Sie die Kinder mit nichts spielen, das nicht absolut kindersicher ist. Wenn eine Gefahrenquelle

besteht, sind Kinder die ersten, denen etwas passiert.

Die Werkzeuge, die für Holzarbeiten im Garten benötigt werden, sind ziemlich elementar: ein Hammer und eine Säge sowie ein Bohrer und ein Schraubenschlüssel, sofern das Holz zusammengeschraubt werden soll. Wenn Sie eine elektrische Bohrmaschine (oder einen elektrischen Rasenmäher) im Freien verwenden, stellen Sie sicher, dass Sie die richtige Ausrüstung haben, wozu auch ein ausreichendes Verlängerungskabel gehört.

KOMPOSTKISTEN ALS SCHIFF ODER BURG

EIN LEERES FASS DIENT ALS HÖHLE, RUTSCHBAHN ODER PHANTASIETIER

DIESE WIPPE PUMPT WASSER UND TREIBT EINEN SPRINGBRUNNEN AN

ESSBARER IRRGARTEN

Genialität, Holz, Nägel und ein freies Wochenende fordern die allgemeine Spielfähigkeit von Groß und Klein heraus.

Wenn Sie elektrische Geräte im Freien benutzen, beachten Sie **stets** die entsprechenden Sicherheitsmaßnahmen.

Zonen

Konstruktionen können im Garten zu sehr guten Zwecken eingesetzt werden und den Garten in verschiedene Aktivitätszonen unterteilen. Viel zu viele Gärten haben eine rechteckige Form mit ziemlich langweiligen Eigenschaften, die nur minimalen Nutzen aus Randflächen ziehen. Indem Spaliere, Spielkonstruktionen, Scheunen, Gewächshäuser, Mauern, Hecken und viele andere der in diesem Kapitel dargestellten Ideen in den Garten integriert werden, entsteht ein viel lebendigerer Ort. Jedes Element hat die Möglichkeit, mehr als einen Zweck zu erfüllen. Wenn wir solche Elemente als Grenzstücke zwischen den einzelnen Zonen einsetzen, ist es möglich, aus diesem Prinzip Vorteile zu ziehen.

Wasser im Garten

Wasser ist ausgezeichnet.

PINDAR (518 – 438 v. Chr.)

Beim Kampf um Ergebnisse werden die ganz einfachen Dinge leicht einmal vergessen. Ohne Wasser ist kein Leben möglich. Dem Wasser sollten wir unsere äußerste Aufmerksamkeit schenken.

Woher es kommt

Wasser ist eine Grundvoraussetzung für die Existenz von Leben auf dem Planeten Erde. In lebenden Organismen fungiert Wasser als Mittel, mit dem Nahrung durch den Körper transportiert wird. Dies gilt gleichermaßen für Pflanzen und Tiere. Das meiste Wasser im Garten ist für uns unsichtbar, denn es arbeitet gerade in den wachsenden Pflanzen.

Wir haben natürlich auch viele Möglichkeiten, Wasser sichtbar im Garten einzusetzen. Teiche und Bäche sind nicht nur schön anzusehen und an sich produktiv, sie unterstützen auch eine breite Palette von Lebewesen durch ihr bloßes Dasein.

Um seinen Nutzen voll entfalten zu können, müssen Qualität und Quantität des Wassers ausreichend sein. Das heißt, dass das im Garten zu verwendende Wasser mit einer angemessenen Menge Sauerstoff angereichert sein sollte, dass es frei von Giftstoffen ist und die Anforderungen von Süßwasser erfüllt. Mit Süßwasser wird normalerweise Wasser bezeichnet, das nur

eine sehr geringe Menge an gelösten Salzen enthält. Wasser mit einem Salzgehalt von 1 Prozent wird als Brackwasser bezeichnet und ab einem Gehalt von 3,5 Prozent spricht man von Salzwasser. Solches Wasser kann im Garten nicht verwendet werden, es sei denn, es handelt sich um Pflanzen und andere Lebewesen, die speziell maritimen Gegebenheiten angepasst sind. Dies ändert jedoch nichts an der Tatsache, dass es immer eine besondere Herausforderung sein kann, einen Garten zu entwerfen, der die besondere Situation der Küste nachahmt und auf Pflanzen basiert, die unter derartigen Bedingungen gedeihen!

In der entwickelten Welt wird Wasser immer mehr als kostbarer Rohstoff betrachtet, und das völlig zu Recht. Viele verstädterte Zivilisationen kämpfen heute um eine ausreichende Versorgung mit gutem Wasser, und das Bewusstsein, dass Wasservorkommen geschützt werden müssen, ist in der entwickelten Welt mittlerweile genauso stark ausgeprägt, wie es in den Entwicklungsländern schon immer der Fall gewesen ist.

Ganz allgemein wird der Wasserkreislauf unseres Planeten von einem riesigen Atomreaktor angetrieben, der unter einem anderen Namen bekannt ist: die Sonne. Sie ist für die Verdunstung von Meerwasser verantwortlich, welches den größten

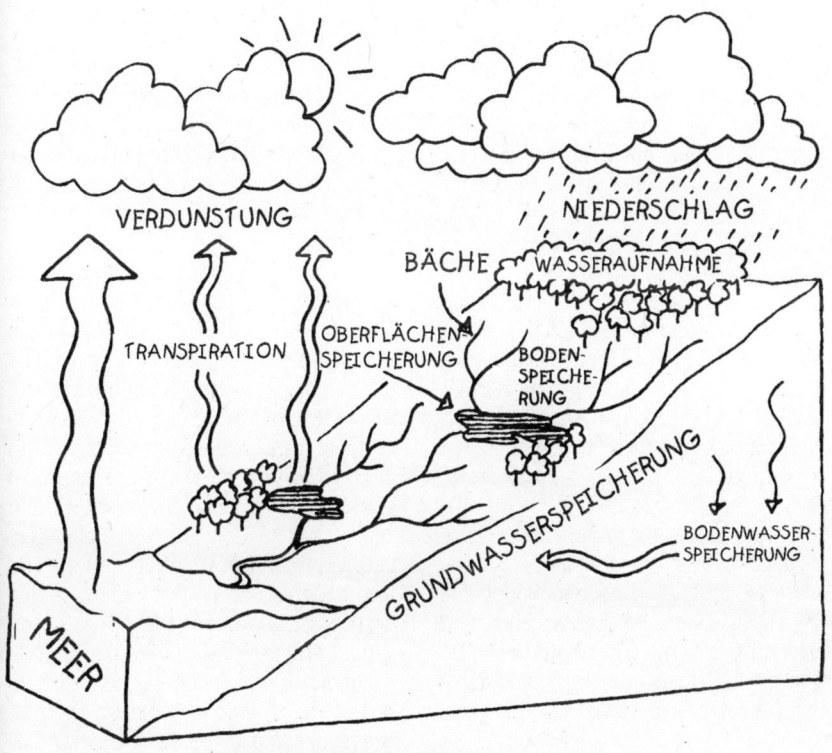

Das Wasser im Garten kommt und geht in Kreisläufen,
die auf dem gesamten Planeten anzutreffen sind.

Teil des Niederschlags ausmacht, der auf den Landmassen fällt. Sie sorgt außerdem für Strömungen in der Luft, die wiederum für den Wind verantwortlich sind, der das Grundmuster unseres Klimas bestimmt.

Niederschlag hat viele Formen, die üblichste ist Regen. In Breitengraden nahe der Pole, in gebirgigen Gegenden und Wüstengebieten kann ein bedeutender Teil des jährlichen Niederschlags in Form von Schnee, Frost oder Tau auftreten.

Es lohnt sich zu wissen, wie viel Niederschlag in unserem Wohnbezirk fällt und zu welchen Zeiten des Jahres die höchsten und die niedrigsten Mengen zu verzeichnen sind. Schwere Böden sollten bei nassem Wetter nicht bearbeitet werden, da sie sich sonst verdichten. Die Bearbeitung von Beeten sollte daher für trockenere Perioden eingeplant werden. Sogar in einem kleinen Land wie Großbritannien kann der Niederschlag von einem Ort zum anderen um das 5fache variieren.

In der nördlichen Hemisphäre ist die Wahrscheinlichkeit größer, dass in westlich gelegenen Gebieten ein nasseres Klima herrscht, da diese nahe dem maritimen Ursprungsort des vorherrschenden Winds gelegen sind. In der südlichen Hemisphäre verhält es sich genau umgekehrt. Bedenken Sie jedoch, dass es sich hier um sehr grobe Verallgemeinerungen handelt. Das jeweilige Mikroklima kann sogar bei sehr kurzen Entfernungen stark abweichen.

Die Menge des zu erwartenden Regens ist ein Hinweis darauf, inwiefern Vorkehrungen gegen Nässe getroffen werden müssen und inwiefern mit Trockenperioden gerechnet werden muss. Man kann kaum etwas dafür tun, dass mehr Niederschlag im Garten fällt, aber mit Hilfe von verstärkten Sammelsystemen und Wasserspeichern kann man sich für trockene Zeiten rüsten.

Noch weniger Einfluss hat man auf die Qualität des Regenwassers. Wer zum Beispiel in einer Gegend wohnt, in der saurer Regen aufgrund von industrieller Luftverschmutzung fällt, kann den Boden und jegliches stehende Wasser bestenfalls mit Kalk düngen, um den Auswirkungen des hohen Säuregrads entgegenzuwirken. In Stadtgebieten ist dies wahrscheinlich noch wichtiger.

Eine andere Möglichkeit, mit den Auswirkungen von schlechter Regenqualität umzugehen, besteht darin, für eine ausgewogene Mischung von Pflanzen im Garten zu sorgen. Dazu gehören eine breite Palette von mehrjährigen Sorten, reichlich Kräuter und Gründünger, da diese Kombination am ehesten für ein gutes Gleichgewicht der Mineralien im Boden sorgt. Der Mineralgehalt erhöht sich noch, wenn alle Pflanzenabfälle dem Boden wieder zugeführt werden. Eine genaue Beachtung dieses Prinzips kann den Auswirkungen der Luftverschmutzung entgegenwirken.

Speicherung

Durch sorgfältiges Speichern wird die Qualität des Wassers aufrechterhalten. Einen Wasservorrat kann man entweder in fließender Form anlegen oder stehend in Tanks. Im Allgemeinen werden Sie nur dann in der Lage sein, die Vorteile natürlich fließenden Wassers zu nutzen, wenn zufällig schon ein Bach durch Ihren Garten fließt. In sehr großen Gärten, in denen ein ausreichend hoher Neigungsgrad vorliegt und genügend Wasser zur Verfügung steht, ist es vielleicht möglich, neue Bäche anzulegen; die Zahl der Menschen, die sich in dieser glücklichen Lage befinden, ist jedoch aller Wahrscheinlichkeit nach sehr gering. Sollten Sie zu den Glücklichen zählen, kann die Wasserzufuhr erhöht (und nachhaltiger gestaltet) werden, indem das Wasser von unten wieder nach oben gepumpt wird.

Sonnenenergie, Windenergie und handbetriebene Pumpen sind dazu bis zu einem gewissen Grad in der Lage. Elektrische Pumpen sind verlässlicher, aber hinsichtlich ihrer Energiequelle nicht ressourcenschonend.

Für die meisten ist die Speicherung von stehendem Wasser die einzige Alternative. Es gibt dabei zwei Möglichkeiten: Soll das Wasser offen oder geschlossen gestaut werden? Wir wollen beide Möglichkeiten näher beleuchten.

Offene Wasserspeicherung

Das Speichern von Wasser in Teichen birgt eine Reihe von Risiken. Durch Verdunstung wird der Wasservorrat reduziert. Diesem kann entgegengewirkt werden, indem man die Gesamtoberfläche relativ klein hält; viele kleine Teiche sind vorteilhafter als ein großer See. Je größer das Verhältnis

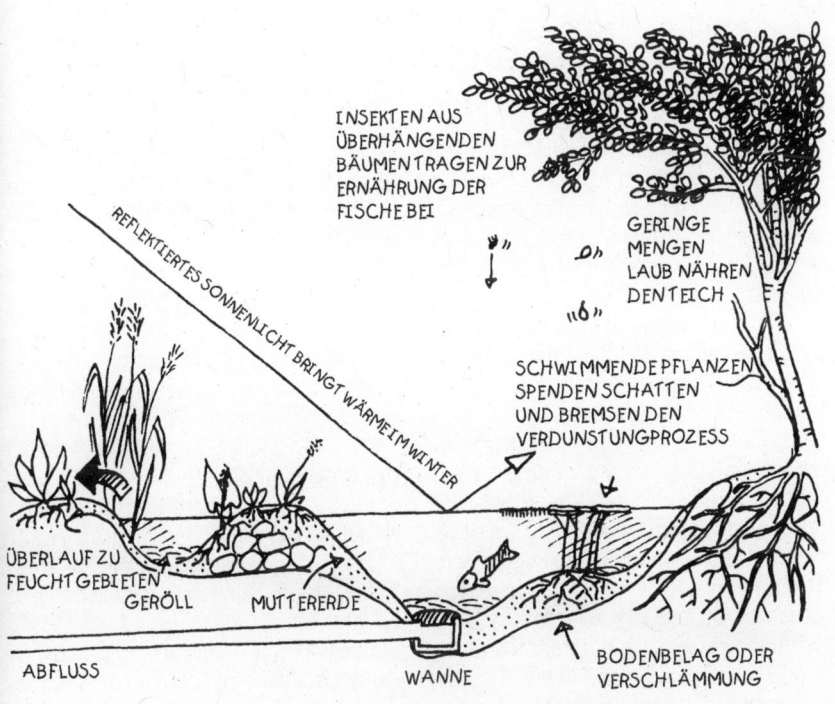

INSEKTEN AUS
ÜBERHÄNGENDEN
BÄUMEN TRAGEN ZUR
ERNÄHRUNG DER
FISCHE BEI

GERINGE
MENGEN
LAUB NÄHREN
DEN TEICH

REFLEKTIERTES SONNENLICHT BRINGT WÄRME IM WINTER

SCHWIMMENDE PFLANZEN
SPENDEN SCHATTEN
UND BREMSEN DEN
VERDUNSTUNGPROZESS

ÜBERLAUF ZU
FEUCHTGEBIETEN
GERÖLL   MUTTERERDE

ABFLUSS   WANNE

BODENBELAG ODER
VERSCHLÄMMUNG

Ihr Garten ist vielleicht nicht so groß, dass alle hier gezeigten
Elemente darin untergebracht werden könnten – die zugrunde
liegenden Prinzipien können jedoch überall angewendet werden.

von Teichtiefe zu Teichoberfläche ist, umso geringer fällt der Wasserverlust aus.

Wenn überhängende Bäume und Sträucher Schatten auf den Teich werfen, fällt weniger direktes Sonnenlicht auf ihn ein, wodurch sich die Verdunstungsrate ebenfalls verringert – eine Auswirkung, die auch durch Pflanzen erzielt wird, deren Blätter auf der Teichoberfläche schwimmen, z. B. durch Wasserlilien. Mit dieser Strategie kann außerdem das zweite Risiko, die Verschlechterung der Wasserqualität, reduziert werden.

Stehendes Wasser ist von Natur aus mit Vegetation umgeben, die einen bedeutenden Teil des Lebenskreislaufs von Wasserbiotopen ausmacht. Fallendes Laub führt dem Teichboden Nahrung in Form von sich zersetzender Pflanzenmaterie zu. Dadurch werden Pflanzen ernährt, die am Grund des Teiches verwurzelt sind, sowie zu einem bestimmten Grad Fische, die sich am Boden ernähren. Bäume bieten Insekten einen Lebensraum, und wenn diese auf die Oberfläche des Teichs fallen, können sich jene Fische von ihnen ernähren, die eher an der Oberfläche zu finden sind.

Eine quirlige Ansammlung der verschiedensten Lebewesen ist das beste Anzeichen, dass die Wasserqualität in Ordnung ist. Insekten kommen ohne besondere Einladung. Fische müssen jedoch ausgewählt und extra zugeführt werden. Glücklicherweise gibt es immer mehr Spezialhändler, die all jenen, die ein solches Biotop anlegen wollen, genaue Ratschläge darüber erteilen können, wie sich eine ausgewogene Teichpopulation zusammensetzen sollte.

Ein weiteres Risiko für das Teichbiotop ist die Umweltverschmutzung. Teiche sollten so platziert sein, dass möglichst kein verschmutztes Wasser (zum Beispiel aus Straßenentwässerungssystemen), kein Sprühnebel (aus chemischen Landwirtschaftsbetrieben und Gärten) oder andere Giftstoffe, die in der Luft enthalten sind, eindringen können. Im Herbst ist es angebracht, den Teich mit einem Netz zu reinigen, denn durch ein plötzliches Übermaß an Laub kann der Teich ersticken. Der Teich sollte außerdem von vornherein so gestaltet sein, dass eine gelegentliche Säuberung relativ einfach durchführbar ist.

Im Idealfall sollte der Teich einfach zu leeren und auch von Bodenablagerungen zu reinigen sein. Es sollte außerdem möglich sein, die Oberfläche mit einem Netz von angewehtem Schmutz zu befreien. Bei manchen gewerblichen Fischzüchtern ist es gang und gäbe, dass tote Fische auf dem Boden der Tanks herumliegen; hier handelt es sich offensichtlich um schlechtes Management, eine Praxis, die nicht weiterzuempfehlen ist.

Wenn der Teich für die Bewässerung des Gartens zuständig sein soll, muss für einen Höchstwasserstand und einen Niedrigstwasserstand gesorgt sein. Überschüssiges Wasser sollte zur Anlegung eines Sumpfgartens verwendet werden, in dem vor allem Pflanzen angesiedelt werden, die am Wasserrand gedeihen. Die Bewässerung anderer Bereiche des Gartens ist am einfachsten, wenn sich der Teich an einem hohen Punkt des Gartens befindet, damit

der natürliche Fluss des Wassers ausgenutzt werden kann.

Ein zweiter Nutzen, den ein Teich mit sich bringt, besteht darin, dass er das vorhandene Sonnenlicht durch Reflexion verstärkt. Wählen Sie für Ihren Teich eine Position, durch die Sie diesen Nutzen der Schattenseite des Teiches, besonders im Winter, zur Verfügung stellen können.

Geschlossene Wasserspeicherung

Die geschlossene Wasseraufbewahrung macht anfangs nicht so viel Arbeit und bedeutet auf jeden Fall weniger Aufwand bei der Instandhaltung. In gut abschließbare Tanks kann kein Schmutz eindringen und sie sind so gut wie verdunstungssicher. Die Wasserqualität kann jedoch leiden, da das Innere des Behälters ein vergleichsweise lebloses Ambiente ist.

Deshalb ist es umso wichtiger, dass die Wasserqualität von vornherein höchsten Ansprüchen genügt, denn es vollziehen sich keine Lebensprozesse, die das Wasser reinigen würden. Das Filtern des gesamten Wassers durch Holzkohle ist eine gute Methode zur Säuberung des Wassers. Die Beigabe von alkalischem Material sorgt außerdem dafür, dass die Süßwasserqualität des Wassers erhalten bleibt. Zerstoßene Kreide oder Kalkstein ist ideal für diesen Zweck. Geschlossene Wasserbehälter können, sofern sie gut isoliert sind, über eine recht lange Zeit als Wärmespeicher fungieren. Auf diese Weise kann die Sommersonne im Wassertank eingefangen werden, die dann im Winter als Hintergrundheizung dient. Um zu funktionieren, muss ein solcher Tank jedoch sehr genau geplant und in die Baustruktur des Hauses integriert werden.

In geschlossenen Tanks lässt sich außerdem ein konzentriertes Pflanzennahrungsmittel aus Wasser zubereiten. Wenn dem

Tabelle 14: Wasserpflanzen

Pflanzen, die eine feuchte oder nasse Umgebung bevorzugen:

Kalmus	Acorus calamus	M	Wasserrand
Echter Eibisch	Althea officinalis	M	Sumpf / Salzmarsch
Sumpfdotterblume	Caltha palustris	M	Wasserrand / Oberfläche / Sumpfwiesen
Wasserhyazinthe	Eichhornia crassipes	M	Wasseroberfläche
Gemeiner Wasserdorst	Eupatorium cannabinum	M	feuchte Uferzone
Echtes Mädesüß	Filipendula ulmaria	M	Feuchtwiese
Bachnelkenwurz	Geum rivale	M	nasse Wiesen
Wasser-Schwertlilie	Iris pseudacorus	M	feuchte Uferzone
Binse	Juncus spp	M	Feuchtwiese / Wasserrand
Entengrütze	Lemna spp	M	Wasseroberfläche
Liebstöckel	Levisticum officinale	M	Feuchtwiese
Blutweiderich	Lythrum salicaria	M	feuchte Uferzone / Flachmoore
Fieber-, Bitterklee	Menyanthes trifoliata	M	saurer Sumpf (geschützte Art!)
Gagelstrauch	Myrica gale	M	saurer Sumpf (Sammelverbot!)
Tausendblatt	Myriophyllum verticillatum	M	Wasseroberfläche
Wasserminze	Mentha aquatica	M	Wasserrand
Sumpfvergissmeinnicht	Myosotis palustris	M	feuchte Uferzone
Echte Brunnenkresse	Nasturtium officinale	M	Wasserrand / Oberfläche
Weiße Seerose	Nymphaea alba	M	Wasserboden / Oberfläche
Ried, Schilf	Phragmites communis	M	seichtes Wasser
Wiesenknöterich	Polygonum bistorta	M	Feuchtwiese / Wasserrand
Großes Flohkraut	Pulicaria dysenteria	M	Feuchtwiese
Scharbockskraut	Ranunculus flammula	M	Feuchtwiese
Simse	Scirpus spp	M	Wasserrand / Feuchtwiese
Bleichmoos	Sphagnum plumilosum	M	nasser Wald / saurer Sumpf
Gemeines Seifenkraut	Saponaria officinalis	M	Auen- und Feuchtwiese
Wasseraloe, Krebsschere	Stratiotes aloides		tiefes Wasser
Rohrkolben	Typha latifolia	M	mittlere bis flache Gewässer
Gemeiner Baldrian	Valeriana officinalis	M	feuchte Uferzone / Auenwiese
Bachehrenpreis	Veronica beccabunga	M	Wasserrand / Oberfläche
Zwerglinse	Wolfia spp	M	Wasseroberfläche

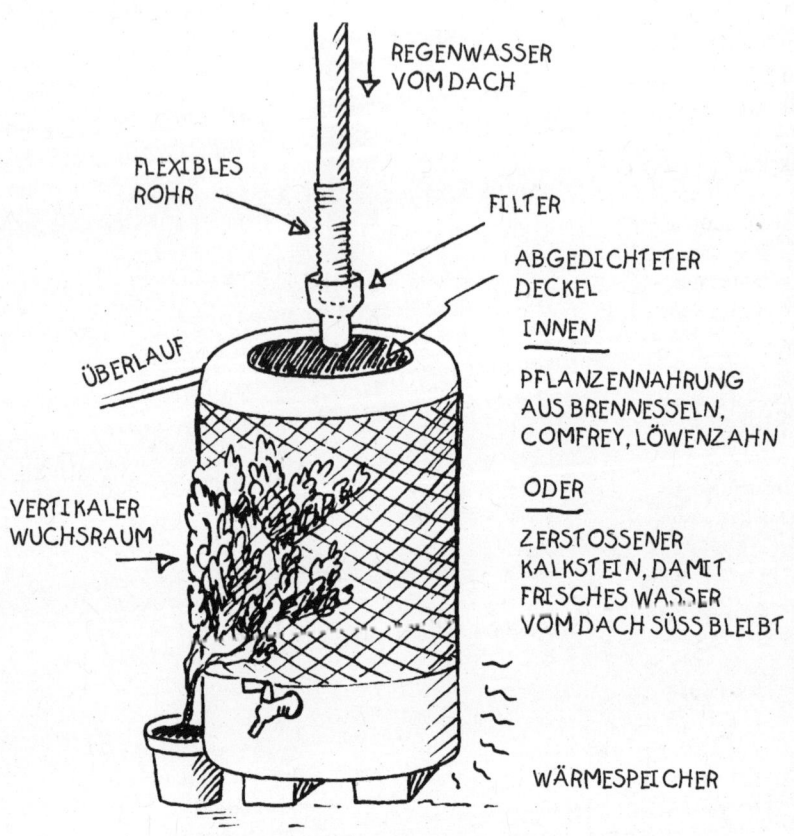

REGENWASSER
VOM DACH

FLEXIBLES
ROHR

FILTER

ABGEDICHTETER
DECKEL

INNEN

PFLANZENNAHRUNG
AUS BRENNESSELN,
COMFREY, LÖWENZAHN

ODER

ZERSTOSSENER
KALKSTEIN, DAMIT
FRISCHES WASSER
VOM DACH SÜSS BLEIBT

ÜBERLAUF

VERTIKALER
WUCHSRAUM

WÄRMESPEICHER

Sogar ein Wassertank bietet viele
Möglichkeiten zur Gewinnung von Ertrag.

Wasser Brennnesseln, Löwenzahn und Comfrey beigegeben werden, setzen sie Mineralien und Stickstoff frei. Das Endprodukt kann zwar schwarz aussehen und ein wenig unangenehm riechen, aber es tut trotzdem den Pflanzen auf jeden Fall sehr gut.

Aber auch wenn der Ehrgeiz gar nicht so groß ist, sollte man doch bedenken, dass Leitungswasser oft viel kälter ist, als die Pflanzen es mögen. Im Freien stehende Regentonnen haben den Vorzug, dass das Wasser auf die Umgebungstemperatur gebracht und so den Bedürfnissen der Pflanzen angepasst wird.

Das Sammeln des Wassers

Wie schon im Kapitel über Bauelemente in der Landschaft erwähnt wurde, kann die Gesamtoberfläche des Hauses und jedes Schuppens im Garten als Sammelstelle zur Erweiterung des Regenwasservorrats benutzt werden.

Zusätzlich besteht die Möglichkeit, im Haushalt benutztes Wasser wiederzuverwerten. Abwasser aus dem Haus kann in zwei Qualitätskategorien eingeteilt werden. Zur ersten Kategorie gehört Grauwasser, d.h. Wasser, das zum Waschen benutzt wurde und deshalb meist aus dem Badezimmer, von der Küchenspüle oder der Waschmaschine kommt.

Außer den im Leitungswasser vorkommenden Substanzen enthält dieses Wasser den Schmutz, der beim Waschen der Kleidungsstücke und des menschlichen Körpers herausgespült wurde, sowie die bei den Reinigungsprozessen benutzten Seifen und Waschmittel. Wenn ökologisch vertretbare Seifen und Waschpulver

eingesetzt werden, ist die Qualität des Wassers natürlich weitaus besser. Wasser, das Substanzen wie Haushaltsbleichmittel enthält, darf im Garten nicht benutzt werden. Seifenwasser kann ruhig direkt zur Bewässerung im Garten verwendet werden, vorausgesetzt, es wird nicht auf Pflanzen gegeben, die zum sofortigen Verzehr bestimmt sind, wie Beerenobst oder Salatgewächse.

Systeme zur Säuberung von Abwasser wurden bereits vorgestellt (S. 53 f.). Für Abwasser aus der Toilette ist dies auf jeden Fall ein notwendiger Prozess, wenn es im Garten wiederverwertet werden soll. Zur Klärung von Grauwasser gibt es auch relativ einfache Mittel.

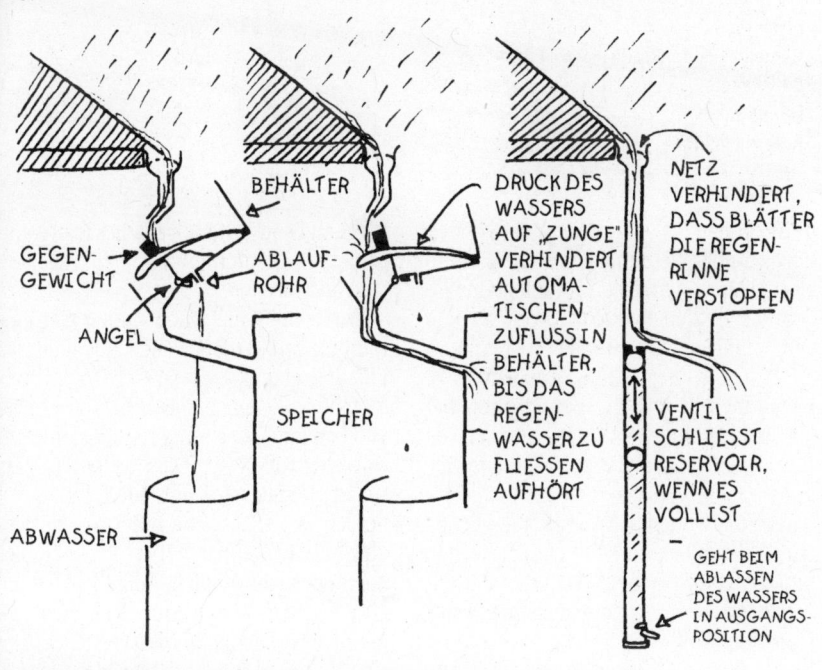

Mit etwas Hintergrundwissen und ein paar praktischen Fähigkeiten können wir der Verwirklichung einer Wasserselbstversorgung näher kommen.

Tabelle 15: Seifenpflanzen

Natürliche Seifen- und Waschpflanzen. Pflanzen, die einen hohen Gehalt an Saponinen haben, sind schaumbildend. Andere Pflanzen dienen als alternative Waschmittel für verschiedene Zwecke.

Rosskastanie	Aesculus hippocastanum	M	Seifenpflanze
Echte Kastanie	Castanea sativa	M	Haarwaschmittel
Amerikanische Säckelblume	Ceanothus americanus	M	Badezusatz bei Hautproblemen
Weißer Gänsefuß	Chenopodium album	E	Seifenpflanze
Efeu	Hedera helix	M	Seifenpflanze / Haarwaschmittel
Geißblatt	Lonicera ciliosa	M	Haarwaschmittel
Kuckuckslichtnelke	Lychnis flos-cuculi	M	Seifenpflanze
Kleine Malve	Malva pusilla	E	Zahnputzmittel
Kamille	Matricaria chamomilla	E	Haartonikum
Haarfrüchtige Balsampappel	Populus trichocarpa	M	Seifenpflanze
Rosmarin	Rosmarinus officinalis	M	Haarwaschmittel
Gemeines Seifenkraut	Saponaria officinalis	M	Seifenpflanze
Büffelbeere	Shepherdaria canadensis	M	Seifenpflanze
Leimkraut	Silene alba	M	Seifenpflanze
Rotes Leimkraut	Silene dioica	M	Seifenpflanze

In trockenen Gegenden kann der Niederschlag erhöht werden, indem man größere Flächen zur Kondensierung anlegt und indem die Luftfeuchtigkeit, soweit vorhanden, aufgefangen wird. Diese Funktion erfüllen eigentlich Bäume von Natur aus. Elemente wie gewellte Eisendächer sind hier jedoch ganz besonders nützlich, da sie eine gute Kapazität zur Kondensatbildung haben.

Wer fließendes Süßwasser aus Bächen oder Flüssen bekommen kann, die sich in unmittelbarer Nachbarschaft des Gartens befinden, ist in einer glücklichen Lage. Normalerweise sind dabei bestimmte Vorschriften zu beachten, die die Unterbrechung von natürlichen Wasserläufen einschränken. Man sollte sich deshalb vorher genau erkundigen, inwiefern die geltenden Bestimmungen auf den speziellen Fall zutreffen.

Wir sollten uns auch immer darüber Klarheit verschaffen, welche Qualität das uns von einem anderen Ort der Wasserscheide erreichende Wasser hat. Bäche, die an Pflanzenwachstum förmlich ersticken, sind »eutrophiert«. Dies bedeutet, dass sie zu viel Stickstoff enthalten, was meist auf landwirtschaftliche Abwasser zurückzuführen ist; oft handelt es sich dabei um chemische Düngemittel. Außerdem hat solches Wasser zu wenig Sauerstoff. Die Pflanzenmaterie kann als Gründünger geerntet und entweder zum Mulchen oder auch auf dem Komposthaufen verwendet werden. Einfließendes Wasser kann außerdem mit

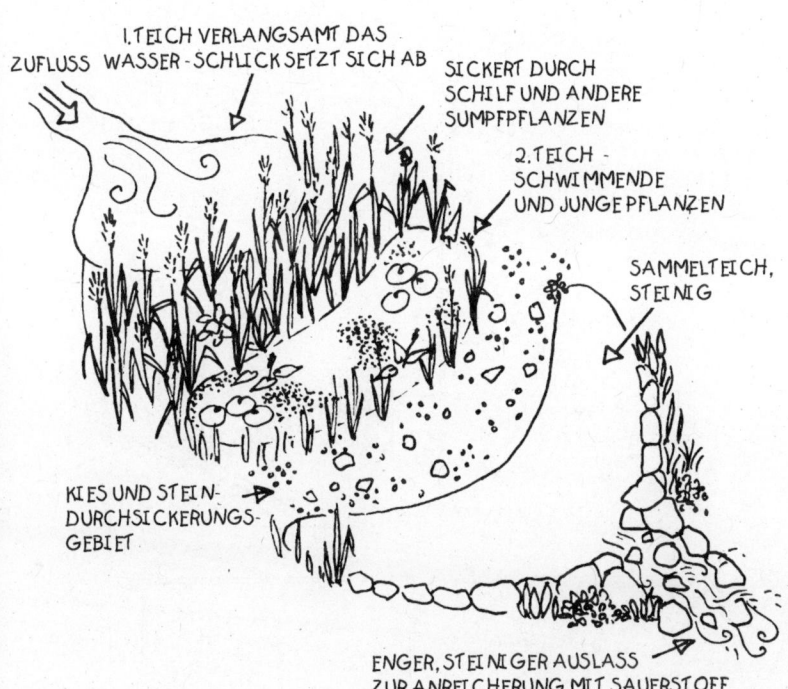

1.TEICH VERLANGSAMT DAS
ZUFLUSS WASSER-SCHLICK SETZT SICH AB

SICKERT DURCH
SCHILF UND ANDERE
SUMPFPFLANZEN

2.TEICH -
SCHWIMMENDE
UND JUNGE PFLANZEN

SAMMELTEICH,
STEINIG

KIES UND STEIN-
DURCHSICKERUNGS-
GEBIET

ENGER, STEINIGER AUSLASS
ZUR ANREICHERUNG MIT SAUERSTOFF

»Biologische« Waschmittel sind eigentlich voller Chemikalien.
Hier ist ein echtes biologisches Wasserklärsystem für Süßwasserbäche abgebildet.

Hilfe derselben biologischen Prozesse gesäubert werden wie abfließendes Wasser.

Wie bereits gezeigt wurde, sind gute Speichermöglichkeiten für Wasser äußerst wichtig. Die Menge des verfügbaren Wassers kann leicht berechnet werden. Im Fall des Dachs handelt es sich um die horizontale Gesamtfläche des Dachs, die mit dem jährlichen Niederschlag multipliziert wird (die Neigung des Dachs ändert nichts an der Gesamtfläche des Dachs, welche dem Grundriss des Dachs entspricht).

Nützliche Methoden zur Unterbrechung der von den Dachrinnen kommenden Abflussrohre, die dafür sorgen, dass überschüssiges Wasser weiter abfließen kann, auch wenn die Regentonne voll ist, wurden weiter vorne bereits vorgestellt. Es ist auch möglich, Tanks aus verstärktem Beton und einer ganzen Reihe von Altmaterialien herzustellen. Berücksichtigen Sie, dass das Wasser am höchsten Punkt des Gartens gespeichert werden sollte, sodass die Schwerkraft zur Betreibung der Bewässerungssysteme ausgenutzt werden kann.

Es ist weiterhin möglich, windbetriebene Pumpen zu benutzen, und es sind auch einige energiesparende Wasserpumpen auf dem Markt, die meist kaum mehr Strom verbrauchen als eine Glühbirne. Wenn wir jedoch in der Lage sind, das Wasser nur aufgrund einer angemessenen Platzierung und

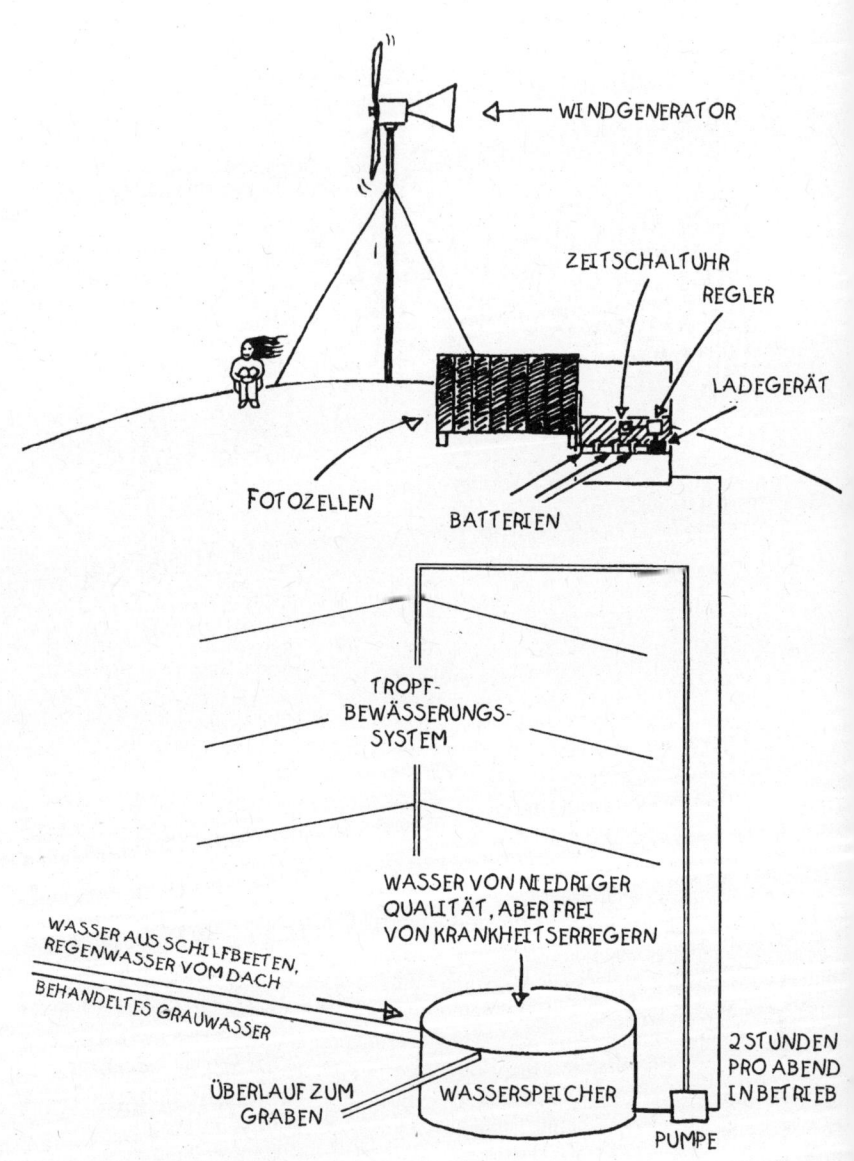

Wasserverteilung – einmal aktiv ...

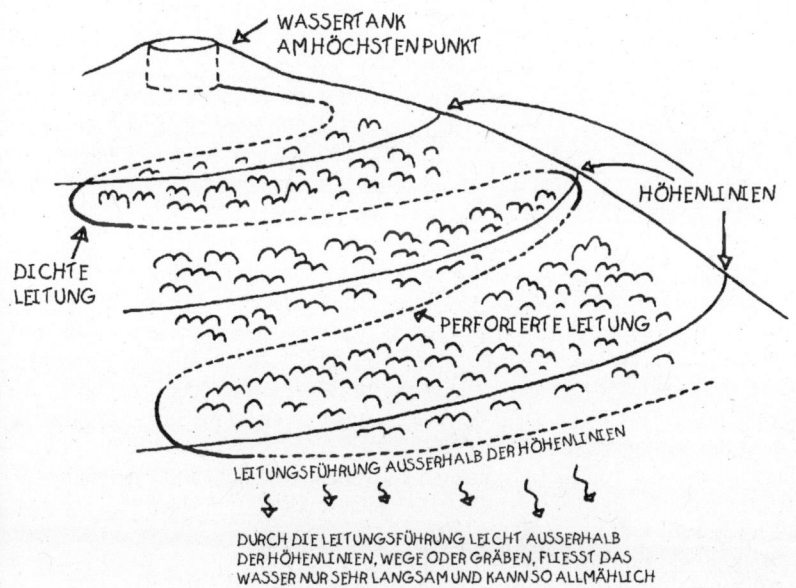

WASSERTANK
AM HÖCHSTEN PUNKT

HÖHENLINIEN

DICHTE
LEITUNG

PERFORIERTE LEITUNG

LEITUNGSFÜHRUNG AUSSERHALB DER HÖHENLINIEN

DURCH DIE LEITUNGSFÜHRUNG LEICHT AUSSERHALB
DER HÖHENLINIEN, WEGE ODER GRÄBEN, FLIESST DAS
WASSER NUR SEHR LANGSAM UND KANN SO ALLMÄHLICH

... und einmal passiv

durch das .Mittel der Schwerkraft durch den Garten fließen zu lassen, können sogar diese geringen Kosten eingespart werden.

Angesichts des Zustands der meisten städtischen Wasservorkommen sollten sich umweltbewusste Gärtnerinnen und Gärtner in Zukunft nicht auf das öffentliche Versorgungsnetz für die Bewässerung ihrer Gärten verlassen.

Die Schaffung von gesunder Muttererde mit einem hohen Humusgehalt ist eines der besten Mittel, um Wasser dort zu speichern, wo es für die Gartenpflanzen direkt verfügbar ist. Mulchen und eine ständige Bodenbedeckung sind gute Mittel zur Verringerung des durch Abfluss und Verdunstung entstehenden Wasserverlusts. Außerdem erhöhen diese Methoden den Humusgehalt des Bodens und steigern seine Fähigkeit, langfristig Wasser zu speichern.

Schließlich verfügt auch die Biomasse des Gartens selbst über einen sehr hohen Wassergehalt, sodass eine größere Menge an Pflanzen und Bäumen im Garten auch eine verstärkte Speicherung von Wasser innerhalb der wachsenden Materie bedeutet.

Wasser als Ertragsquelle

Mit Wasser stehen uns zahlreiche Ertragsmöglichkeiten, sowohl direkte als auch indirekte, zur Verfügung. Genau wie auf dem Land gibt es im Wasser Arten, die jeweils einem bestimmten Mikroklima angepasst sind. So gibt es zum Beispiel Pflanzen und Fische, die eher am Boden des Teichs leben, während andere Arten seichtes Wasser bevorzugen und wieder andere am Rand eines Bachs oder Teichs am besten gedeihen.

Zusätzlich gibt es einige Lebewesen, die gar nicht am Boden haften, sondern nur direkt unter der Wasseroberfläche schwimmen. Zu dieser Kategorie gehören Fische, die an der Wasseroberfläche ihre Nahrung finden. Wie ein Wald oder eine Wiese ist auch ein natürliches, auf Wasser basierendes System ein gesundes und ausgewogenes Biotop. Fische, die ihre Nahrung am Grund finden (wie Karpfen), säubern den Boden von allerlei Unrat, der dort herabgesunken ist.

Schwimmende Pflanzen (z. B. Entengrütze und Wasserlilien) tragen dazu bei, dass Schatten auf den Teich geworfen wird und dass eine gleichmäßige Temperatur vorliegt. Dadurch wird auch die Sauerstoffqualität des Teichs aufrechterhalten. Die Anreicherung mit Sauerstoff erfolgt erstens an der Oberfläche, wo Fische und Insekten nach Nahrung suchen, zweitens durch die Transpiration der Pflanzen und drittens, wenn Wasser auf die Oberfläche herabfällt. Wasserfälle in Kreislaufsysteme (d. h. alle Systeme mit fließendem Wasser) einzuplanen, ist unerlässlich, wenn die Sauerstoffqualität des im Garten zirkulierenden Wassers wiederhergestellt werden soll.

Dem Wasser verdanken wir weitere indirekte Erträge. So hat Wasser zum Beispiel die Fähigkeit, Sonnenlicht zu reflektieren, sodass es eine dunkle Ecke im Garten aufhellen oder die niedrige Wintersonne auf die Sonnenseite eines Hauses reflektieren kann. Im Gegensatz zu Erde dauert es viel länger, bis sich Wasser erwärmt oder wieder abkühlt. Deshalb können große Wasserspeicher als ein stabilisierender Faktor gegen die Launen des Klimas wirken. Große unterirdische Tanks können auch dazu genutzt werden, Sonnenenergie aus der Sommerzeit bis zum Winter zu speichern; erst dann wird sie langsam freigesetzt und wärmt das Haus.

Bei entsprechender Wasserzufuhr ist es auch möglich, Energie mit Hilfe von Wasserrädern zu erzeugen. Es gibt eine Vielzahl von Möglichkeiten, diese einzusetzen – von Kleinbedarfslösungen zum Antreiben einer Töpferscheibe bis zur Erzeugung von Strom. Die Kraft des fließenden Wassers kann auch dazu verwendet werden, einen Teil des Wassers auf höhere Ebenen des Gartens zurückzupumpen.

Schilfbeete und Grauwassersysteme

Ein Entwurf für ein Schilfbeet wurde bereits vorgestellt (siehe Seite 53 f.). Schilfbeete können als biologische Klärsysteme für Wasservorräte eingesetzt werden. Schilf und andere Sumpfpflanzen haben Wurzelstrukturen, die an anaerobe Bedingungen angepasst sind, das heißt an Umgebungen, wo sich sehr wenig Sauerstoff im Boden befindet, weil dieser völlig mit Wasser vollgesogen ist.

Pflanzen, die unter solchen Bedingungen gedeihen, können hervorragend dafür eingesetzt werden, Schwermetalle, chemische Schadstoffe und andere Giftstoffe in von Menschen produzierten Abwässern und Ähnlichem abzufangen und zu entgiften. Dies geschieht mit Hilfe von mikrobiellen Zusammenschlüssen auf Wurzelebene, welche die unerwünschten Verbindungen

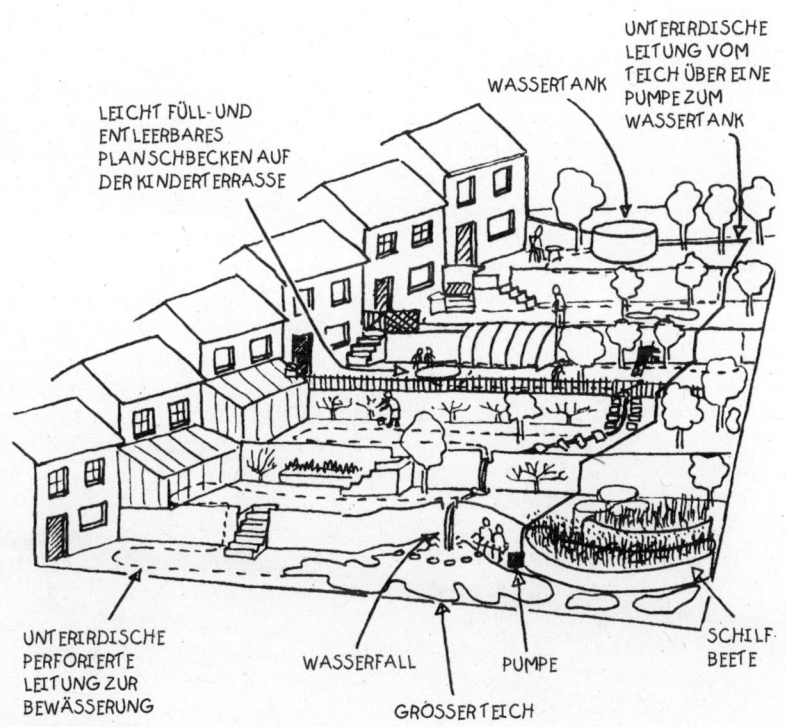

LEICHT FÜLL- UND
ENTLEERBARES
PLANSCHBECKEN AUF
DER KINDERTERRASSE

WASSERTANK

UNTERIRDISCHE
LEITUNG VOM
TEICH ÜBER EINE
PUMPE ZUM
WASSERTANK

UNTERIRDISCHE
PERFORIERTE
LEITUNG ZUR
BEWÄSSERUNG

WASSERFALL

PUMPE

GRÖSSER TEICH

SCHILF-
BEETE

In einem großen Garten oder dort, wo Nachbarn gerne
zusammenarbeiten, kann Wasser in einem richtigen Kreislaufsystem
eingesetzt werden, was Leben in den Garten bringt.

abfangen, indem sie sie in gebundene chemische Formen verwandeln.

Eine Schilfbeetfläche von einem Quadratmeter pro Person ist ausreichend, um das gesamte Abwasser, das eine Person produziert, zu entsorgen. Die Beete bestehen aus Stein-, Kies- und Sandschichten (von grob bis fein) und werden mit heimischen Sumpflandpflanzen bepflanzt. Ein System dieser Art ist in der Zeichnung abgebildet.

Durch das Anlegen einer Reihe von Schilfbeeten ist es möglich, für eine primäre, sekundäre und tertiäre Klärung des Wassers in voneinander getrennten Stufen zu sorgen. Solche Systeme sind als »konstruierte Sumpfgebiete« bezeichnet worden. Ausschlaggebend ist dabei die symbiotische Zusammenstellung von Pflanzen, Boden und Feuchtigkeit in einer gegenseitig förderlichen Beziehung. Wo größere Wassermengen das System durchlaufen sollen, ist es besser, eine Reihe kleinerer Systeme anzulegen statt eines großen Systems; das bringt mehr Effizienz beim Energieverbrauch und Reserven stehen im Notfall bereit.

Während der Primärphase des Systems wird der grobe Schmutz entfernt. In der

129

Sekundärphase erfolgt die Zersetzung von Ammoniak in Nitrat und in der Tertiärphase werden diese Nitrate sowie jegliche Phosphate entfernt. Das System wird von Stufe zu Stufe zunehmend aerob, was auch bedeutet, dass sich darin immer wirksamere Bakterien aufhalten. Ideal wäre es, wenn das Produkt noch eine abschließende Phase durchlaufen würde, wo das ausströmende Wasser mit Sauerstoff angereichert wird.

Es wird verschiedentlich behauptet, dass derartiges Wasser nicht wieder in das Versorgungssystem zurückgeführt werden sollte, wo es von Menschen konsumiert wird, sondern dass es auf natürliche Weise abfließen sollte. Es muss hier jedoch angemerkt werden, dass das in einem Schilfbeet geklärte Wasser eine erheblich bessere Qualität aufweist als das, was durch das städtische Abwassersystem fließt, welches oft wieder in die Trinkwasservorkommen zurückgeführt wird. Schilfbeete können als in sich geschlossene Gärten angelegt werden und sind völlig geruchlos; außerdem sehen sie sehr hübsch aus.

Wie aus der genannten Fläche, die zur Wasserreinigung pro Person erforderlich ist, hervorgeht, kann die Wasseraufbereitung für einen ganzen Haushalt bereits auf sehr kleinem Raum erfolgen. Es gibt natürlich Vorschriften, ob Abwasser auf diese Weise in einem (Vor-)stadtgarten geklärt werden darf oder nicht, und wer sein Abwasser mittels Schilfbeetsystem zu klären beabsichtigt, sollte sich auf jeden Fall an einen Experten wenden, bevor er oder sie sich auf ein solches Experiment einlässt.

In der Praxis zeigt sich, dass solche Systeme am besten bei größeren Gemeinschaften funktionieren, die mehr als einen Haushalt umfassen. Die Entwicklung kleiner Kläranlagen, die mehrere Häuser versorgen, könnte ein Schritt nach vorn sein.

Dies ist auf jeden Fall die Erfahrung, die man in China gemacht hat, wo Millionen von Gartenkläranlagen gebaut wurden. Hier zieht man die »Methanverarbeitung« vor, die den Abfall in Kompost verwandelt, wobei das Methangas herausgelöst und als Brennstoff verwendet wird.

Schilfbeete haben sich als ausreichend wirksam erwiesen, um sogar in der Stadt betrieben werden zu können, und eine Reihe von städtischen Wasserbehörden in Großbritannien zeigen erste Anzeichen, derartige biologische Klärsysteme zu entwickeln. Dabei werden die Systeme sogar schon großflächig von Chemiebetrieben zur Aufbereitung industrieller Abwässer eingesetzt.

Man sollte jedoch berücksichtigen, dass dem Fleiß der durchschnittlichen anaeroben Bakterie auch Grenzen gesetzt sind und dass sie sich kein Bein ausreißen würde, um hochgiftige Stoffe anzuknabbern, wenn sie etwas so Nahrhaftes und leicht Greifbares wie normales Abwasser vor sich hat. Wenn wir es mit Giftmüll zu tun haben, ist es wichtig, dass dieser von dem reichhaltigeren Wasser getrennt wird, damit die Pflanzen auch in der Lage sind, diese Stoffe entsprechend anzugreifen.

In zunehmendem Maße werden überall Beratungsbüros eingerichtet, die auf biologische Klär- und Abfallmanagementsysteme spezialisiert sind, und es lässt sich mit Sicherheit sagen, dass das Schilfbeetsystem bald als das nachhaltige Abfallmanagementsystem der Zukunft gelten wird.

Unsere Denkgewohnheit, Abwasser als etwas Unhygienisches zu betrachten, das man »los sein« will, wird langsam von der Erkenntnis abgelöst, dass vom Menschen produziertes Abwasser voller Nährstoffe ist und dass Systeme, bei denen dieses Wasser einfach ins Meer gepumpt wird, nicht nur

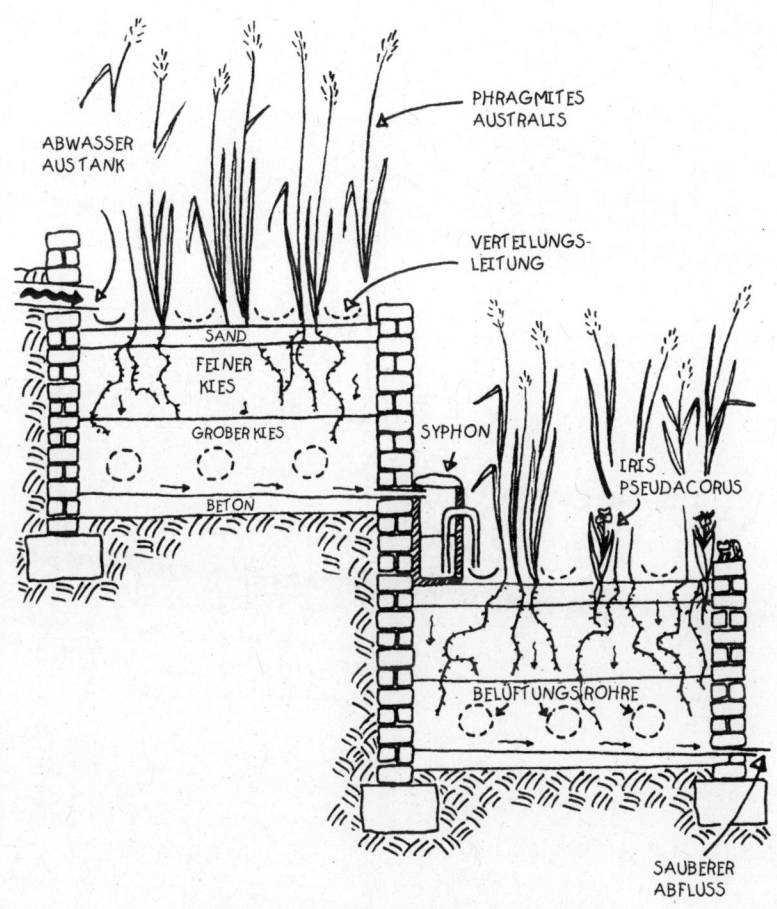

ABWASSER
AUS TANK

PHRAGMITES
AUSTRALIS

VERTEILUNGS-
LEITUNG

SAND

FEINER
KIES

GROBER KIES

SYPHON

IRIS
PSEUDACORUS

BETON

BELÜFTUNGSROHRE

SAUBERER
ABFLUSS

Eine Kläranlage, die einem natürlichen Marschland nachempfunden ist

die Umwelt verschmutzen, sondern auch eine große Verschwendung darstellen.

Es ist auch möglich, Toilettenabfälle mittels trockener Managementsysteme zu behandeln. Dabei werden die Abfälle in geschlossenen Kompostsystemen aufbewahrt, wo sie sich langsam abbauen können. Kompostsysteme, die trocken arbeiten, haben den Vorteil, dass kein zusätzliches Wasser benötigt wird. Sie müssen allerdings sehr exakt konstruiert sein, damit kein Abwasser entweichen kann und an Stellen eindringt, wo ein Infektionsrisiko bestehen könnte. (Wer sich über die aktuelle Gesetzeslage informieren möchte, kann sich an das örtliche Bauamt wenden.)

In der Abbildung oben wird ein System dargestellt, das von Steve und Yvonne Page

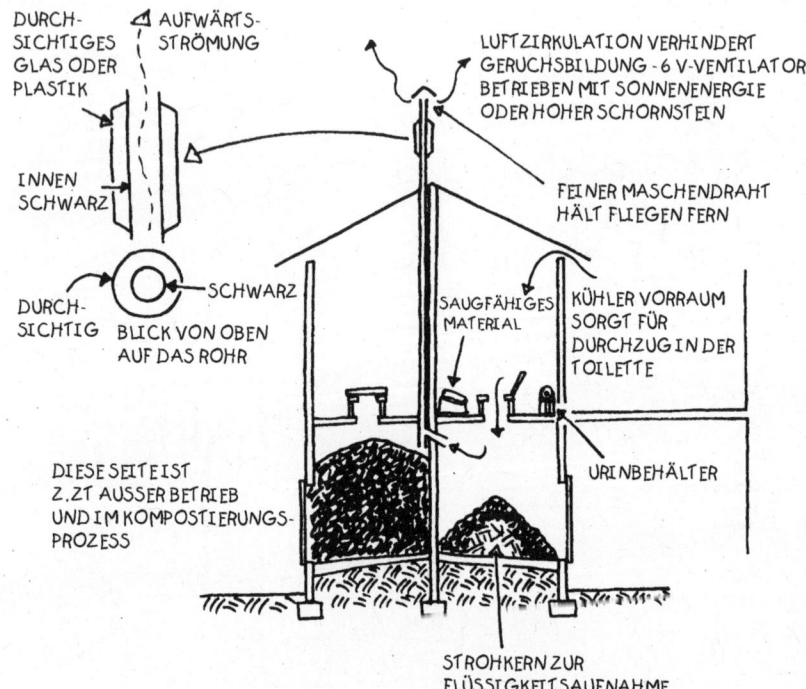

DURCH-
SICHTIGES
GLAS ODER
PLASTIK

◁ AUFWÄRTS-
STRÖMUNG

LUFTZIRKULATION VERHINDERT
GERUCHSBILDUNG - 6 V-VENTILATOR
BETRIEBEN MIT SONNENENERGIE
ODER HOHER SCHORNSTEIN

INNEN
SCHWARZ

FEINER MASCHENDRAHT
HÄLT FLIEGEN FERN

DURCH-
SICHTIG

SCHWARZ

BLICK VON OBEN
AUF DAS ROHR

SAUGFÄHIGES
MATERIAL

KÜHLER VORRAUM
SORGT FÜR
DURCHZUG IN DER
TOILETTE

DIESE SEITE IST
Z.ZT AUSSER BETRIEB
UND IM KOMPOSTIERUNGS-
PROZESS

URINBEHÄLTER

STROHKERN ZUR
FLÜSSIGKEITSAUFNAHME

Eine geruchlose, attraktive Komposttoilette –
der komplette Fruchtbarkeitszyklus für den Garten

in Frankreich entworfen wurde und das nachhaltig und ressourcenschonend ist. Viele ähnliche Modelle sind bereits gebaut worden. Dieses Modell hat zwei Toiletten, von denen jeweils nur eine gerade in Betrieb ist, während die andere unter Verschluss gehalten wird, da die Verarbeitung ihres Inhalts nun im Vordergrund steht. Es ist wichtig, dass ein Geruchverschluss zwischen dem Toilettenbereich und der warmen Luft des Hauses besteht, damit keine unangenehmen Gerüche ins Haus dringen können. Ein guter Entwurf wie der hier abgebildete produziert in nur sechs Monaten reichhaltigen, faserigen

Kompost. Dieser kann sofort im Garten ausgebracht werden, ist geruchlos und hat das Aussehen eines ganz normalen, organischen Düngers.

Wenn Sie ein solches System anlegen, wird Sie ein großes Zufriedenheitsgefühl überkommen, denn Sie werden erkennen, dass Sie eine lange unterbrochene Verbindung zur Natur wiederhergestellt haben; vom alten Leitungssystem, bei dem das Wertvollste des Bodens durch den menschlichen Körper passiert, nur um unwiederbringlich ins Meer geleitet zu werden, wenden Sie sich einem Recyclingsystem des Sammelns und

Wiederverwertens der Fruchtbarkeit zu. Sie werden Gäste, die zum Abendessen kommen, gerne dazu auffordern, die Toilettenanlage häufig aufzusuchen, denn Sie wissen, dass jede Darbietung ein Mehr an potentiellem Ertrag in Ihrem Garten bedeutet. Mit Hilfe einer gut geplanten Konstruktion kann das um den Bereich der Toilette bestehende Tabu gebrochen und in risikofreie Fülle verwandelt werden!

Der Waldgarten

Man kann kaum hoffen ... dass der eiserne Vorhang der Welt
von einer grünen Front abgelöst wird und dass die Narben
der Erde und die Narben in den Herzen der Menschen
durch das Pflanzen von Bäumen geheilt werden könnten.

RICHARD ST BARBE BAKER

Stellen Sie sich vor, Sie sind in einem naturbelassenen Wald und es ist ein herrlicher Sommertag. Einige Teile des Waldes liegen im Schatten, an anderen Stellen spielt das Sonnenlicht auf den grünen Blättern einer Lichtung. Die Vögel zwitschern, während es im Gehölz voller Leben raschelt. Überall um Sie herum brechen Knospen auf und der Boden schwillt vor lauter lebenshungrigen, grünenden Pflanzen. Auf allen Ebenen bilden sich Blüten und Früchte. Sie befinden sich im ursprünglichen Garten Eden. Dies könnte auch Ihr Garten sein.

Zusammenstellung

Die logische Konsequenz des Permakultur-Gartens ist seine Fortentwicklung zu einem Waldgarten. Stellen Sie sich vor: Millionen von Gärten, die sich miteinander über die Kontinente hinweg in eine Kette von Wäldern voller Menschen entwickeln – Wälder, die nur so strotzen von Nahrung, Fasermaterial und Brennstoff. Die Abfälle der Städte erblühen in neuem Grün. Jede Gärtnerin und jeder Gärtner kann durch das Anlegen eines Waldgartens bedeutend zur Verwirklichung dieses Traums beitragen. Allein in Großbritannien bilden die Hausgärten eine Gesamtfläche von einer halben Million Hektar. Bei nur einhundert Bäumen pro Hektar ergäbe sich ein Wald von fünfzig Millionen Bäumen!

Alle Methoden zur Bodenerzeugung, gesunde Beziehungen zwischen Pflanzen und die Anwendung mehrerer Dimensionen im Garten führen uns letztlich zum natürlichen Wald als Modell.

Der Waldgarten ist jedoch keine Wildnis. Er ist ein sorgfältig gepflegter Ort, der zum Nutzen der Menschen instand gehalten wird. Die vertikale Dimension wird so gut wie möglich eingesetzt, um den Ertrag des vorhandenen Raums zu erhöhen. Pflanzen werden so ausgewählt, dass in allen Jahreszeiten etwas gedeiht. Dabei werden mehrjährige und sich selbst aussäende einjährige Pflanzen bevorzugt. Bäume werden im Hinblick auf ihre Fremdbestäubungsfähigkeiten und mit dem Ziel, dass in jeder Jahreszeit etwas geerntet werden kann, ausgewählt.

Schattenliebende Pflanzen nehmen dunklere Standorte ein, während jenen Pflanzen, die das Sonnenlicht benötigen, hellere Standorte überlassen werden. Bäume werden so platziert, dass sie Wärmespeicher bilden und so im Sommer maximale Wuchsvorteile nutzen können und dass sie im Winter empfindlicheren mehrjährigen Pflanzen Schutz bieten.

Tabelle 16: Obstgewächse

Eine sehr große Zahl von Bäumen, Sträuchern und kleineren Pflanzen kann im Hinblick auf ihren Obstertrag angebaut werden.

Felsenbirne	Amelanchier lamacrkii	M
Echte Bärentraube	Arcostaphyllos uva-ursi	M
Sauerdorn	Berberis vulgaris	M
Japanische Quitte	Chaenomeles japonica	M
Weiß- oder Rotdorn	Crataegus spp	M
Quittenbaum	Cydonia oblonga	M
Ölweide	Eleagnus spp	M
Walderdbeere	Fragaria vesca	M
Steinbeere	Gaultheria shallon	M
Sanddorn	Hippophae rhamnoides	M
Mahonie	Mahonia spp	M
Apfel	Malus spp	M
Echte Mispel	Mespilus germanica	M
Kirsche	Prunus spp	M
Aprikose	Prunus armeniaca	M
Pflaume	Prunus domestica	M
Pfirsich	Prunus persica	M
Schlehe	Prunus spinosa	M
Birne	Pyrus communis	M
Essigbaum	Rhus spp	M
Rose	Rosa spp	M
Nordische Brombeere	Rubus arcticus	M
Moltebeere	Rubus chamaemorus	M
Fuchsbeere	Rubus fruticosus	M
Stachelbeere	Rubus großularia	M
Himbeere	Rubus idaeus	M
Schwarze Johannisbeere	Rubus nigrum	M
Rote Johannisbeere	Rubus rubrum	M
Weiße Johannisbeere	Rubus sativum	M
Schwarzer Holunder	Sambucus nigra	M
Bergholunder	Sambucus racemosa	M
Mehlbeere	Sorbus aria	M
Eberesche	Sorbus aucuparia insbes. var edulis	M
Atlasbeerbaum	Sorbus torminalis	M
Kulturheidelbeere	Vaccinium corybosum	M
Heidelbeere	Vaccinium myrtillus	M
Preiselbeere	Vaccinium vitis-idaea	M

Wenn die Bäume größer und die Böden fruchtbarer werden, sinkt der Bedarf an Bearbeitung entsprechend. Für uns bedeutet dies ein Mehr an Freizeit, in der wir die Produkte unseres Gartens genießen und für die Vergrößerung der Erträge sorgen können. Vergleichen Sie dies mit dem Garten, der Stress bedeutet, »weil es immer etwas zu tun gibt«!

Die Architektur der Bäume

Damit wir die Bäume im Garten richtig behandeln, ist es nützlich, etwas über ihre Funktionsweise zu wissen. Außerdem gibt es Möglichkeiten, wie Eingriffe die Nützlichkeit der Bäume noch steigern können. Bäume stehen bei den mehrjährigen Gartengewächsen ganz oben auf der Liste. Die Kenntnis der Nutzungsmöglichkeiten gibt uns einen starken, aber flexiblen Rahmen vor, innerhalb dessen der Rest des Gartenentwurfs angeordnet werden kann.

Wenn Sie einen Baum betrachten, was sehen Sie? Einen Stamm, Äste, Knospen, Blätter, Blüten, Früchte ... Die Hälfte des Baums ist unserem Blick jedoch verborgen. Beim Pflanzen und Pflegen der Bäume ist es wichtig, dass wir diese unsichtbare Hälfte der Pflanze nicht vergessen und dass wir sie schützen und gut ernähren.

In unserer flüchtigen Welt werden unsere Sinne ständig von so vielen Reizen überflutet, dass wir das Unsichtbare leicht vergessen. Wenn Menschen davon sprechen, dass sie »zu ihren Wurzeln« gelangen möchten, spüren sie das Bedürfnis, diesem unsichtbaren Teil ihres eigenen Wesens mehr Aufmerksamkeit zu schenken. Ohne diese Verbindung kann kein lebender Organismus gedeihen.

Die Wurzelsysteme von Bäumen sind ebenso verzweigt wie der obere Teil des Baums. Dies bietet dem Baum nicht nur eine feste Verankerung, sondern ist auch lebenswichtig für die Ernährung des gesamten Baums. Verzweigtheit ist ein natürliches Phänomen, das in vielen Lebensstrukturen vorkommt. Als ein Beispiel sei das menschliche Kreislaufsystem genannt, oder stellen Sie sich vor, Sie wollen einen großen Fluss bis zu seinen vielen Quellen zurückverfolgen. Verzweigte Strukturen sind für die Beförderung von Flüssigkeiten hervorragend geeignet. Durch die Evolution sind Bäume meisterhaft so angelegt worden, dass gelöste Nahrung auf diese Weise zu allen »Körperteilen« des Baums transportiert werden kann.

Aufgrund seiner Verzweigtheit hat der Baum im Vergleich mit der von ihm in Anspruch genommenen Bodenfläche eine gigantische Gesamtoberfläche. Auf diese Weise stehen dem Baum ebenso viele Interaktionsmöglichkeiten mit der Luft zur Verfügung wie mit der Erde. Bäume sind so ausgerichtet, dass sie oberhalb des Bodens Energie aufnehmen, indem sie mittels Fotosynthese Kohlendioxyd in Zucker verwandeln. Unterhalb der Erdoberfläche ist der Baum dank seiner Wurzelhaare in der Lage, Stickstoff, Wasser und andere essenzielle Mineralien aus der Erde aufzunehmen.

Die Wälder bilden deshalb den Lebensnerv unseres Planeten, und das auf zweierlei Art. Sie nehmen Kohlendioxyd aus der Luft auf, binden es in ihrer Biomasse und setzen Sauerstoff frei (Fotosynthese). Sie ermöglichen es den Menschen, auf diesem Planeten überhaupt leben zu können, denn wir atmen Sauerstoff ein und Kohlendioxyd aus. Bäume kehren im Grunde die Ursache des Treibhauseffekts in ihr Gegenteil um. Mehr Bäume bedeutet folglich weniger Probleme. Nur die weiten unergründlichen

Der Baum, der ganze Baum und nichts als der Baum ...

Meere haben einen ähnlich großen Einfluss darauf, dass unsere Luft in einem Gleichgewicht gehalten wird, das menschliches Leben ermöglicht.

Zweitens brechen die sich tief in den Boden bohrenden Baumwurzeln Steine unterhalb der Erdschichten auf und setzen dadurch Mineralien frei, die benötigt werden, damit der Mutterboden auch für andere Pflanzen von ausreichender Qualität ist. Feine Wurzelhaare absorbieren gelöste Mineralien.

Der Baum ist eine lebendige Pumpe, die diese Nahrung in Gefäßen, die sich dicht unter der Oberfläche befinden, durch die gesamte Struktur des Baums bewegt. Das ist der Saft, der aus dem Baum fließt, wenn er verwundet wurde. Wenn Sie jemals einen großen Baum gefällt haben, werden Sie sicherlich beobachtet haben, dass der Saft noch eine ganze Weile nach dem Fällen hochgepumpt wird. Dies zeigt, welche erhebliche Menge an Saft während eines bestimmten Zeitraums durch den Baum fließt.

Wenn der Baum seine Blätter verliert, fallen diese auf den Boden, wo sie ihre Nährstoffe anderen Bodenlebewesen und Pflanzen zur Verfügung stellen. Die Wurzeln und die Windschutzfunktion des Baums tragen zur Stabilisierung des Bodens bei und verhindern Erosion und Oberflächenabfluss. Bäume sind deshalb lebenswichtig für den Aufbau des Mutterbodens sowie für die Erhaltung des gesamten Lebenskreislaufs.

Wenn wir die Ringe in einer aus einem Baumstamm geschnittenen Scheibe betrachten, haben wir die jährlichen Wachstumszyklen der letzten Jahre vor uns. Bäume wachsen in der warmen Jahreszeit schneller und im Winter langsamer, wodurch eine deutliche Maserung entsteht. Mit jedem Jahr wird das Holz dicker. Nur das diesjährige Wachstum findet außen am Stamm statt. Im Grunde ist der größte Teil des Baums totes Material. Nur das Kambium, die äußere lebendige Schicht, wächst.

Der Kern aus hartem holzigen Material verleiht dem Baum seine Kraft und kann eines Tages den Rohstoff für nützliche Holzerzeugnisse von Möbeln bis Feuerholz liefern. Wenn der Baum stirbt und liegen bleibt, zersetzt er sich vollkommen und wird wieder in die Erde aufgenommen, wodurch er dazu beiträgt, tiefschwarzen, humusreichen »Waldboden« herzustellen – einen der besten Böden, die es gibt.

Über Tausende von Jahren haben Menschen die selektive Fortpflanzung von Bäumen entwickelt, wobei immer jene Sorten gewählt wurden, die den besten Ertrag liefern, sodass »Varietäten« oder Kulturpflanzen mit besonderen Vorzügen entstanden. Wenn Bäume aus Samen gezogen werden, sind sie für genetische Veränderungen anfällig. Die Eigenschaften, die ein solcher Baum haben wird, können nicht vorhergesagt werden. Ist das Ergebnis dann bekannt, sind viele Jahre vergangen; und wenn der Baum nicht besonders reich an Ertrag ist, war das Ganze eine Zeitverschwendung.

Baumschnitt und Veredelung

Der umständliche Prozess des Ausprobierens kann vermieden werden, indem wir uns der vegetativen Vermehrung bedienen. Einige Pflanzen »gehen an«, wenn man nur einen abgeschnittenen Trieb in den Boden steckt. Wenn er Wurzeln schlägt, wächst eine neue Pflanze heran, die genetisch eine Kopie der Mutterpflanze ist. Oder man schneidet lebendiges Material von einem Baum ab, der die gewünschten Eigenschaften aufweist, und pfropft es auf einen bereits vorhandenen verwurzelten Baum. Das Endergebnis ist vorhersehbar. Bei einem solchen, von Menschenhand gebildeten Baum nennt man den verwurzelten Teil »Unterlage« und den aufgesetzten Teil »Edelreis«. Das Veredeln ist relativ einfach und auch Laien können es mit Hilfe einer einfachen Anleitung probieren. Der Erfolg kommt mit der Übung.

In der Praxis kaufen die meisten Leute ihre Obstbäume bereits fertig veredelt. Es ist dennoch sinnvoll, wenn man den Vorgang versteht, damit man weiß, was man eigentlich kauft. Die gewählte Unterlage bestimmt die Kräftigkeit des Baums und seine endgültige Höhe. In kleinen Gärten sollte man Zwerg- oder Viertelstämme als Unterlagen verwenden. In größeren Gärten kann man auch Halbstämme nehmen. Nur sehr große Obstgärten haben Platz für Standardbäume.

Die meisten gewerblichen Obstgärten bevorzugen heute kleinere Unterlagen, weil die Ernte leichter ist, weil man mehr Bäume auf einem Hektar anpflanzen kann und die Bäume schneller Früchte bilden. Kulturpflanzen, die auf größere Unterlagen aufgepfropft sind, brauchen länger, um Früchte auszubilden, benötigen jedoch

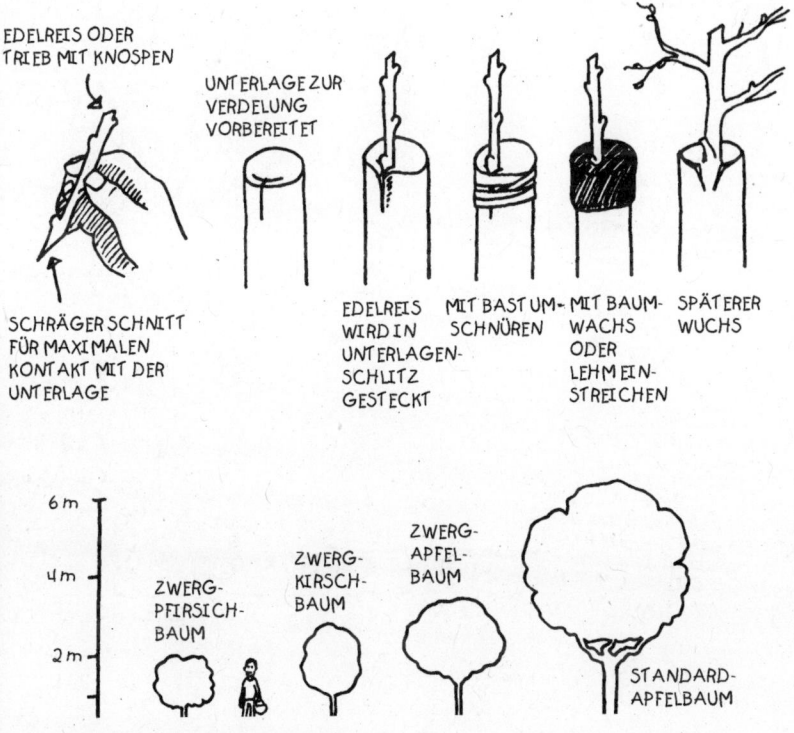

EDELREIS ODER TRIEB MIT KNOSPEN

UNTERLAGE ZUR VERDELUNG VORBEREITET

SCHRÄGER SCHNITT FÜR MAXIMALEN KONTAKT MIT DER UNTERLAGE

EDELREIS WIRD IN UNTERLAGEN-SCHLITZ GESTECKT

MIT BAST UM-SCHNÜREN

MIT BAUM-WACHS ODER LEHM EIN-STREICHEN

SPÄTERER WUCHS

6 m

4 m

2 m

ZWERG-PFIRSICH-BAUM

ZWERG-KIRSCH-BAUM

ZWERG-APFEL-BAUM

STANDARD-APFELBAUM

Die vegetative Vermehrung von Bäumen

während ihrer Lebenszeit weniger Pflege und leben länger.

Wir können leicht die Form von Bäumen mittels des Baumschnitts verändern und ihre Ertragsfähigkeit dadurch erhöhen.

Diese Baumformen können alle an der Hauswand gezogen werden. Der Baum kann auch auf zwei Dimensionen geschnitten und als Spaliergewächs zwischen verschiedenen Gartenbereichen gezogen werden. Die vergessene Kunst des Niedrigspaliers ist besonders nützlich, um auch am Rand von Gemüsebeeten Früchte anzubauen. Nicht alle Bäume lassen sich in alle hier vorgestellten Formen bringen;

Apfelbäume lassen sich zum Beispiel sowohl als Schnurbaum als auch als Spalier schneiden, während Kirschbäume eine fächerartige Form bevorzugen.

Wenn wir von der Architektur der Bäume sprechen, sollten wir uns bewusst sein, dass kein Baum isoliert von der Umgebung betrachtet werden kann. Wenn wir wissen, dass die Biene den Baum bestäubt und dass der Wurm hilft, ihn zu ernähren, sind dann die Biene und der Wurm nicht auch Teil des Lebensprozesses des Baums? Aus diesem Grund entwickelt sich ein gut geplanter dauerhafter Garten letztlich immer in die integrierte Struktur eines Miniwalds.

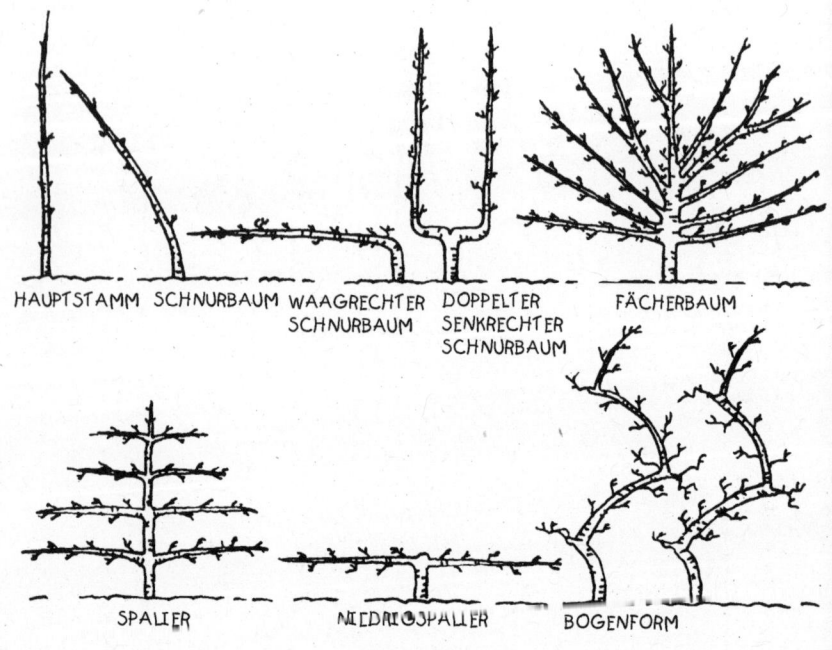

HAUPTSTAMM SCHNURBAUM WAAGRECHTER DOPPELTER FÄCHERBAUM
SCHNURBAUM SENKRECHTER
SCHNURBAUM

SPALIER NIEDRIGSPALIER BOGENFORM

Mit Hilfe eines Formschnitts lassen sich auch
auf kleinen Bodenflächen hohe Erträge erzielen.

Baumerträge

Bäume haben viele Ertragsmöglichkeiten.
Hier seien nur einige genannt:

- Saft
- Blätter
- Blütenprodukte
- Früchte
- Dünnholz
- Bauholz
- andere Pflanzen

Betrachten wir zunächst die essbaren Erträge. Der Saft bestimmter Bäume kann
zur Herstellung von Wein oder Zucker
(z. B. Birken oder Ahornbäume) verwendet
werden. In einigen Fällen können die Blätter verzehrt oder zu Wein verarbeitet werden (Eichblattwein zum Beispiel). Blüten
können gepflückt und zur Zubereitung
von Tees (etwa Lindenblüten) verwendet
werden. Zusätzlich bieten Bäume den
Honigbienen Nahrung. Das Obst kann als
»Pflückobst« zum Verzehr durch Menschen bestimmt sein: Kern- und Steinobst
(z. B. Äpfel, Birnen, Pflaumen) oder Nüsse
und Samen (z. B. Hasel- und Walnüsse).
Als Alternative können die Früchte auch
aufgelesen werden oder von Freilandvieh
verzehrt werden (z. B. Eicheln, Bucheckern, Maulbeeren). Mensch und Tier
können in ein gemeinsames System integriert werden, wobei etwa die Schweine

nach der Apfelernte das Fallobst beseitigen können und dabei den Obstgarten gleichzeitig einmal kräftig düngen (obwohl hier nochmals betont werden muss, dass Mist aus Schweinefarmen nicht für den Garten geeignet ist, da er u.a. chemische Wachstumsförderer enthält).

Für den Holzertrag kann auch Dünnholz gesammelt werden, etwa Zweige vom Waldboden, abgehackte Stücke von größeren Bäumen oder dünnes Holz von ganzen Bäumen, die aus dem Wald genommen wurden, um anderen Bäumen mehr Platz zum Wachsen zu gewähren. Bauholz stammt von ausgewachsenen Bäumen, die gefällt werden. Je mehr wir unseren Holzbedarf mit Dünnholz befriedigen können, umso weniger wird es nötig sein, große Bäume zu fällen.

Bäume, die sich nach einem größeren Schnitt wieder erholen, sind besonders nützlich. Haselnuss, Bergahorn, Esche, und Hain- oder Weißbuche können alle auf Bodenebene abgeschnitten werden, woraufhin der Stumpf sich normalerweise erholt, indem er neue Zweige austreibt. Solche Kreisläufe können alle fünf bis fünfundzwanzig Jahre wiederholt werden, je nach Standort und Baumart. Weiden werden häufig radikal zurückgeschnitten oder gekappt. Beim Kappen schneidet man Äste auf Kopfhöhe ab, eine Technik, die gut bei Lindenbäumen *(Tilia spp)* und anderen Platanen angewendet werden kann.

Viele andere Pflanzen gedeihen in Wäldern. Zuvor (S. 28 ff.) ging es um die Maximierung der Nutzung aller Ebenen des Wuchsraums, von den Wurzeln bis zur höchsten Baumkrone. Zu den Baumerträgen können auch die Erträge der Kletterpflanzen (z. B. Brombeeren, Efeupollen) und Epiphyten und Parasiten (Moose, Farne und Pilze) gezählt werden.

Als die Wirtschaft noch fest mit den Waldprodukten verwurzelt war, entwickelten die Menschen einen riesigen Fundus an Wissen über die Eigenschaften all dieser Pflanzen. Ihr Heilungspotenzial, ihr Wert als Webe- und Färbepflanzen und ihr Nutzen als Brennstoffquelle waren allgemein bekannt. Infolgedessen waren diese Produkte sehr gefragt und in der Feudalgesellschaft per Statut stark reglementiert. Wenn wir den Erfindungsreichtum der Indianer des tropischen Regenwalds bewundern, deren Kultur sich ganz am Baum orientiert, sollten wir uns wirklich wundern – jedoch nicht über die indianische Weisheit, sondern über unsere Unwissenheit. Wir besaßen dieses Wissen auch einmal, haben es jedoch größtenteils wieder verloren – dieses Wissen, das noch vor kurzer Zeit ein fester Bestandteil unserer eigenen Gesellschaft war.

Alles, was im hohen Wald nützlich ist, kann als Vorbild für den eigenen Hausgarten dienen. Wie bereits vorgeschlagen wurde, sollten wir klein anfangen und unser Wissen und den Gebrauch, den wir von diesem Aspekt des Permakultur-Gartens machen, langsam steigern. Wenn wir jede Woche eine neue Pflanze kennen lernen, macht das fünfzig pro Jahr. Es ist keine große Anstrengung nötig, um schon bald ein erstaunliches Wissen aufzubauen. Sobald Sie eine bestimmte Pflanze erkennen, können Sie damit anfangen, ihren jeweiligen Nutzen kennen zu lernen.

Wenn dieselbe Menge an Energie, die in den letzten hundert Jahren in die Entwicklung von Gemüse- oder Getreidearten gesteckt wurde, für die Entwicklung von Baumfrüchten eingesetzt worden wäre, könnten wir heute über ein wunderbar produktives Waldsystem verfügen! Da wir die Bäume nun wieder von neuem zu schätzen lernen, können wir hoffen, dass die Forschung eine solche Richtung einschlagen wird.

Die Auffangfunktion der Bäume

Bäume haben die wunderbare Eigenschaft, alle Arten von freier Energie aus der Umwelt aufzufangen. Sie nehmen sie auf und machen die Erträge den Menschen verfügbar. Wir haben schon festgestellt, dass Bäume mit dem Boden und dem sich darunter befindenden Grundgestein in Verbindung stehen. Hinzu kommt, dass Bäume

- Sonnenlicht in gespeicherten Brennstoff verwandeln,
- Insekten und andere wilde Lebensformen anziehen,
- als Windschutz fungieren und Windaktivität in »Bodenbewegung« mit Hilfe ihrer Wurzeln umwandeln, wobei sie die Erde für andere Pflanzen lüften,
- abwärts fließende organische Materie auffangen,
- Niederschläge erhöhen und auffangen.

Als Beispiel sei Regenfall genannt. Durch ständige Transpiration ziehen Bäume Wasser vom Grundwasserspiegel herauf und setzen Wasserdampf in der Luft wieder frei. Ein reifer Laubbaum kann an einem heißen Sommertag fünfhundert Liter Wasser verdunsten. Dieses Wasser ist dann als Niederschlag wieder verfügbar und ist ein Beitrag zum Kreislauf des Lebens.

Wenn es regnet, fängt der Baum außerdem Regen auf und sammelt ihn. Ein Teil des Wassers wird vom Baum selbst aufgenommen und ein anderer Teil verdunstet, bevor er jemals den Boden erreicht. Das Wasser, das den Boden erreicht, konzen-

triert sich auf der so genannten »Tropflinie«, die um den Stamm herum verläuft. Dabei handelt es sich um eine Kombination des Regenschirmeffekts der Blätter, die das Wasser nach außen abtropfen lassen, mit der Abflusswirkung der inneren Äste, entlang derer das Wasser zum zentralen Stamm fließt.

Bei der Planung des Gartens sollte berücksichtigt werden, dass diese beiden Bereiche nasser sind und dass es unter dem Hauptbereich unterhalb des Blätterdachs vergleichsweise trocken ist.

Andere Erträge

Der vielleicht größte Nutzen der Bäume besteht in ihrer Wirkung auf die menschliche Seele. In einem wunderbaren Wald zu sein, ist eine der erhebendsten Erfahrungen, die auf diesem Planeten möglich sind. Die Industriegesellschaft ist sehr menschenorientiert; im Wald bekommen wir ein Gefühl für Leben und Dimension jenseits menschlicher Interessen und Bedürfnisse. Wir werden daran erinnert, dass wir ein Teil der lebendigen Welt ausmachen, die viel größer ist als wir selbst.

Die Bäume in unserem Garten bringen uns ein kleines Stück dieses Gefühls direkt vor die eigene Haustür. Sie spenden uns Schatten und Frieden. Sie laden uns zum Verweilen ein. Im Wind und im Regen rauschen sie und leben uns die Macht der Naturgewalten vor.

Bäume gleichen auch klimatische Extreme aus. Ihre Anwesenheit als Wald kühlt heiße Klimazonen und wärmt kältere. Das können Sie im eigenen Garten erleben. Geeignete windverträgliche Arten stoppen durchdringende Winde, die oft um Häuserecken peitschen. In Gärten, die im Sommer durch Wärmestau beeinträchtigt sind, spenden sie an einem heißen Sommernachmittag Schatten und Kühle.

Wälder und ständiges Weideland haben eine höhere Regenwurmaktivität, sodass an diesen Orten mehr Erde hergestellt wird.

Die Blüte, die Farben der Blätter und der Rinde tragen allesamt zur Schönheit des Gartens bei. Die sorgfältige Auswahl der Bäume bezüglich dieser Eigenschaften kann für Helligkeit und Farbe im Winter, Frühling und Herbst sorgen. Birken und Steinobstsorten wie Pflaumen- und Kirschbäume können eine besonders schöne Winterborke haben. Buchen und Lindenbäume weisen ein fülliges Frühlingslaub auf und Amberbaum und Ahorn bringen im Herbst interessante Effekte. Gute Farbkataloge aus Gartenzentren und Baumschulen enthalten reichlich Informationen dieser Art.

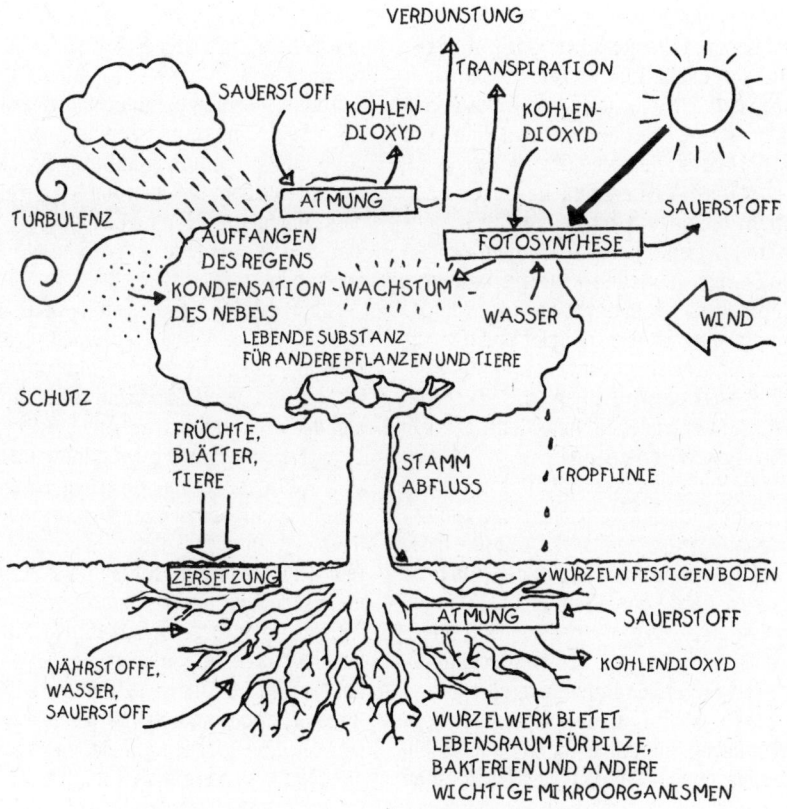

Aufgrund ihrer Fähigkeit, Energie aus der Umgebung einzufangen und sie in nützliche Produkte umzuwandeln, nutzen Bäume uns allen.

Beziehungen zwischen Bäumen

Bäume leben ebenso wenig in Isolation wie alles andere in der Natur. Es ist interessant, einen heimischen Wald zu beobachten und zu sehen, wie sich ein wilder Wald als Gemeinschaft zusammensetzt.

Einige Bäume benötigen einen Standort am Rand einer Lichtung, während andere tiefen Schatten vertragen können. Einige (Buchen insbesondere) werfen einen so dichten Schatten, dass außer Pilzen wenig anderes unter ihnen leben kann.

Erlen und Weiden sowie Gagel in sauren Hochlandschaften und Erlenblättriger Kreuzdorn in tiefer gelegenen Landstrichen sind Beispiele für Bäume, deren Rolle es in der Natur ist, Sumpfland zurückzugewinnen. Da sie Atemsysteme haben, die auch unter den anaeroben Bedingungen eines Sumpfes funktionieren, können Weiden und Erlen im Boden Wurzeln ausbilden und den Boden dadurch festigen. Auf das Sumpfland folgt einsetzender Baumwuchs und mit der Zeit trocknet das Sumpfgebiet völlig aus und wird zu einem strauchigen Waldgebiet. Viele andere Bäume sind solchen Sukzessionen angepasst.

Die Evolution des Baums als Pionierpflanze kann zum Vorteil des Gartens genutzt werden, zum Beispiel, um eine nasse Gartenecke auszutrocknen. Bedenken Sie dabei jedoch, dass Bäume mit Wurzelsystemen für Sümpfe (besonders Weiden) Gebäudefundamente zerbrechen können. Lassen Sie daher immer genug Abstand zum Haus! Eine andere Möglichkeit ist es, stickstoffbindende Bäume zur Ernährung des Bodens einzufügen. Sie könnten zum Beispiel Erlen, Rubina oder *Caragana arborescens*, zwischen Obst- und Nussbäume setzen.

Sehr kräftige Bäume können als Windschutz benutzt werden, damit es zarten Arten ermöglicht wird, sich in ihrem Windschatten zu entwickeln. Nach einiger Zeit können sie gefällt oder zurückgeschnitten werden und Holz oder Mulchmaterial liefern.

Obstbäume

Die nützlichsten Bäume, die man in einem Garten haben kann, sind Obst- und Nussbäume. Wenn Sie den richtigen Baum wählen, können Sie bei gelegentlicher Pflege viele Jahre lang ernten. Jeder Obstbaum braucht andere Bäume zur Kreuzbefruchtung. Einige Kulturpflanzen sind Selbstbefruchter, was bedeutet, dass sie auch ohne Fremdbestäubung Früchte ausbilden, aber die Erfahrung hat gezeigt, dass auch diese Arten mehr Ertrag produzieren, wenn sie einen Befruchtungspartner haben.

Nicht alle Obstgehölze blühen zur gleichen Zeit. Deshalb ist es wichtig, dass Bäume, die zur Kreuzbefruchtung bestimmt sind, auch gleichzeitig blühen. Im Fall der »Triploiden« (bei Äpfeln u. a. der *Cox Orange)* muss die Fremdbestäubung gleich durch zwei Bäume erfolgen. Seien Sie vorsichtig beim Auswählen der Obstbäume; achten Sie darauf, dass sie ausreichend winterhart für den von Ihnen vorgesehenen Standort sind und dass sie auch auf dem Breitengrad Ihres Gartens gedeihen können. Verlassen Sie sich nicht auf die Beratung in den Gartenzentren! Oft werden Sorten verkauft, die in den jeweiligen Regionen gar nicht überleben können.

Es kann passieren, dass manche Obstbäume nur jedes zweite Jahr blühen und Früchte ausbilden. Man kann dies in den Griff bekommen, indem man es dem Baum nicht erlaubt, eine allzu reiche Ernte ausreifen zu lassen. Wenn ein Baum bei der Befruchtungszeit sehr erfolgreich ist, sollte man überschüssige Früchte bis zum späten Mai oder bis Anfang Juni ruhig entfernen. Dadurch bleibt dem Baum Energie erhalten, sodass es nicht zu einem derartigen Erschöpfungszustand kommt.

Es ist an dieser Stelle leider nicht genug Platz, um genauere Anleitungen zum Baumschnitt zu geben, aber als allgemeine Empfehlung kann man sagen, dass ein Schnitt im Herbst und im späten Winter das Holzwachstum anregt, während der Sommerschnitt die Ausbildung von Fruchtknospen fördert.

Eine ausführliche Darstellung der Auswahl von Obstbäumen ist in meinem Buch *Permakultur praktisch* zu finden.

Robert Hart ist der Erfinder des Terminus »Waldgarten« (engl. »forest garden«) im hier verwendeten Sinn und seine Pionierarbeit kann auf der Grundlage seiner eigenen Bücher zum Thema kennen gelernt und nachempfunden werden.

Gemeinschaftsgärten

Es gibt kein Bein, das so dünn wäre, keinen Kopf, der so dumm wäre, keine Hand, die so schwach und weiß wäre, auch kein Herz, das so krank wäre, dass es nicht eine nützliche Tätigkeit fände, die nach Erledigung nur so schreit.
Denn die Herrlichkeit des Gartens macht jeden herrlich.

RUDYARD KIPLING (1911) THE GLORY OF THE GARDEN

Alles Leben spielt sich in Gemeinschaften ab. Unsere Gewohnheit, die Natur zum Zweck der Beschreibung in einzelne Kategorien aufzuspalten, nützt uns nichts, wenn wir unser Wissen wieder zu einem funktionierenden Ganzen zusammenfügen wollen. Den Garten als gedeihende Gemeinschaft zu betrachten, bringt uns einen guten Schritt weiter, wenn wir uns um mehr Verständnis in der Landwirtschaft bemühen.

Pflanzengemeinschaften

Die an einem Tag anlegbaren Baumgärten (S. 43 ff.) sind gute Beispiele für Pflanzengemeinschaften. Damit wird eine Gruppe von Pflanzen, die gut miteinander auskommen, bezeichnet. In der Natur entwickeln sich Pflanzengemeinschaften, die der jeweiligen Bodenart und dem vorherrschenden Klima angepasst sind.

Verschiedene Pflanzen nehmen verschiedene Zeit- und Raumnischen ein, sodass durch alle Jahreszeiten hindurch eine vollständige Bodenbedeckung gewährleistet und für eine Sukzession der einzelnen Arten hin zum nächsten Biotop gesorgt wird. Dieser Endzustand ist normalerweise der Wald, obwohl es in einigen kontinentalen Regionen auch die Prärie sein kann.

Im Garten greifen wir in die Natur ein. Anders ausgedrückt, wir schummeln. Wir bauen nicht etwa natürliche Pflanzengemeinschaften auf, sondern wählen Pflanzen hinsichtlich unserer eigenen Bedürfnisse aus. Die Pflanzen im Garten haben meist eine lange Selektion hinter sich, die darauf abzielt, hohe Erträge zu erzielen. Den Kohlkopf von heute trennen einige Jahrhunderte sorgfältiger Pflege von seinen wilden Vorfahren

Wir können die Weisheit der natürlichen Selektion jedoch immer noch respektieren und versuchen, Pflanzengemeinschaften in unserem Garten zu verwirklichen, die miteinander in Verbindung stehen und gegenseitig nutzbringend sind. In den Anden (die Heimat der Kartoffel) würde es den einheimischen Landwirten zum Beispiel nicht im Traum einfallen, Kartoffeln in Monokultur anzubauen. Sie würden vielleicht Knollenkapuzinerkresse oder andere Pflanzen dazwischen pflanzen, denn diese Verbindung sorgt für größere Boden- und Pflanzengesundheit.

Wenn Sie Ihre eigenen Pflanzengemeinschaften zusammenstellen möchten (und das können wir alle), überlegen Sie sich eine Pflanze, die Sie gerne anpflanzen würden. Welche Bedürfnisse bezüglich Zeit und Raum hat diese Pflanze? Welche anderen Pflanzen würden gut zu ihr passen und zugleich ganzjährigen Ertrag liefern? Welche anderen Pflanzen könnten den Raum einnehmen, der rund um die ausgewählte Pflanze verbleibt?

Wenn Sie Apfelbäume pflanzen wollen, überlegen Sie sich gut, welche Sträucher und Bodenbedecker Sie zwischen die Bäume setzen könnten. Wenn Sie Wurzelgemüse anbauen möchten, überlegen Sie sich, mit welchen Kräutern Sie das Beet auflockern könnten. Welche Pflanze könnte nach der ersten Ernte für eine weitere Ernte sorgen? Könnten noch andere Arten auf förderliche Weise dazwischengesetzt werden? Scheuen Sie sich nicht, ein wenig zu experimentieren. Denken Sie daran, dass noch niemand etwas durch Fehlerlosigkeit gelernt hat. Nur durch Fehler kommen wir auf neue Möglichkeiten für die Zukunft.

Tiere mit einbeziehen

In einer natürlichen ökologischen Gemeinschaft herrscht ein Gleichgewicht zwischen allen Lebensformen. Tiere sind darin mit einbezogen. In einer Welt, die mit unterschiedlichen Meinungen über die Ethik der Tierhaltung geradezu aufgeladen ist, ist es leider nicht möglich, Ratschläge zu erteilen, die niemanden aufregen werden. Meine Meinung zur Ethik in dieser Frage ist, dass wir alle unsere eigenen Anschauungen haben und dass die ethischste Annäherung an das Problem eine Haltung des gegenseitigen Respekts bezüglich dieser Unterschiedlichkeit ist.

Wie auch immer die aktuellsten Debatten verlaufen – der Biologie zufolge gehören Tiere zu natürlichen Systemen dazu. Damit wir uns den Tieren gegenüber richtig verhalten, sollten wir uns fragen, was ihre Bedürfnisse, Eigenschaften und Produkte sind.

Kaninchen brauchen Platz, Nahrung, Wasser, »Toilettenmöglichkeit« und andere Kaninchen. Sie möchten grasen, graben und von Zeit zu Zeit ihren amourösen Neigungen freien Lauf lassen. Sie produzieren Kot, weitere Kaninchen, Fell, Fleisch und Knochen (die letzteren Produkte jedoch nur, wenn das Kaninchendasein beendet wird). Kaninchen sind eine sehr kompakte und praktische Form der Gartenviehzucht für den Kochtopf. Ich kannte eine Frau, die Kaninchen wegen des Fells züchtete und daraus Pelzmützen machte. Wenn Ihnen dieser spezielle Nutzen nicht zusagt, seien Sie unbesorgt. Sie können immer noch Kaninchen, Hühner, Enten, Gänse, Puten, Ziegen, Schweine oder sogar Schafe als Fleischlieferanten im Garten halten.

Kaninchen und Hühner können in kleinen beweglichen Maschendrahtgehegen gehalten werden, sodass sie den Garten an beliebigen Stellen aufräumen können. Noch besser ist es, wenn Hühner in Futtergärten herumlaufen dürfen, wo sie ihre Nahrung frei auswählen können. Dies passt sehr viel besser zum Gedanken des Gartens als Gemeinschaft. Hühner, die nur in einer Ecke des Gartens gehalten werden, wo sie den Boden kahl scharren, sind nicht weit vom Batteriehuhn entfernt.

Schweine und Hühner sind eine wirksame Möglichkeit, Haushaltsabfälle vertilgen und in neue Lebensmittel umwandeln zu lassen. Nach altem Dorfbrauch teilte man sein Schwein mit den Nachbarn, wenn geschlachtet wurde und bekam dafür beim nächsten Mal von deren Schwein ein Stück. Diese Art Tauschhandel ist ein bedeutender Ansatz für lokale Gemeinschaften zwischen Menschen.

Die Gemeinschaft im Garten entwickelt sich dadurch, dass Tiere in den Pflanzen- und Landschaftsentwurf so weit wie möglich integriert werden. Dies bedeutet normalerweise, dass die Freiheit des Viehs zu einem gewissen Grad eingeschränkt werden muss. Während eine gelegentliche Schneckenorgie von zehn Hühnern in Ordnung ist, schließen sich Freilandhühner und Sämlinge letztlich jedoch aus. Die Freilandhaltung von Schweinen und ein Garten welcher Art auch immer sind ebenfalls zwei völlig unvereinbare Dinge. Auch Ziegen und Bäume sind nicht miteinander zu vereinbaren.

Wenn Sie Vieh halten möchten, versuchen Sie, einen Garten innerhalb des Gartens dafür anzulegen, in dem die nötigen Futtermittel an Ort und Stelle wachsen. Man könnte eine kleine Zahl von Futtergehegen anlegen und das Vieh von Zeit

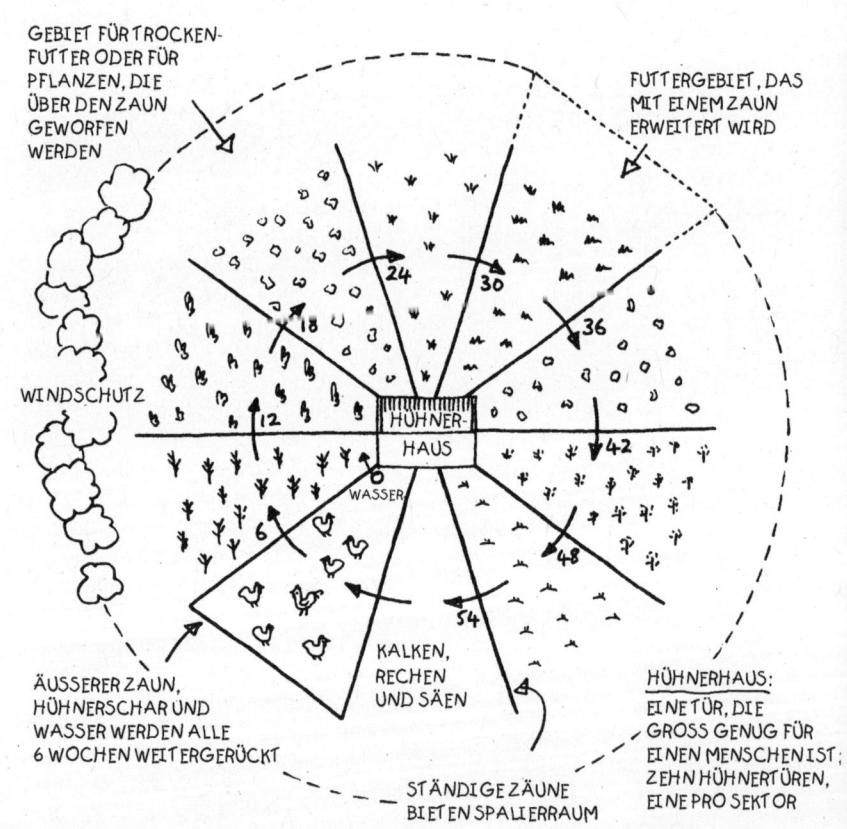

Ein Entwurf für einen größeren Garten mit Selbstfütterungsvorrichtung und Trinkanlage für eine einfache, ganzjährige Haltung

Tabelle 17: Hühnerfutter

Futterpflanzen für Freilandhühner. Hühner essen so gut wie alles.
Harte Körner und grüne Blätter, die zur Selbstfütterung am besten geeignet sind:

Hirtentäschelkraut	Capsella bursa-pastoris	E
Großer Erbsenstrauch	Caragana arborescens	M
Segge	Carex spp	M
Weißer Gänsefuß	Chenopodium album	E
Guter Heinrich	Chenopodium bonus-henricus	M
Weiß- oder Rotdorn	Crataegus spp	M
Geißklee	Cytisus spp	M
Buche	Fagus spp	M
Klebkraut	Galium aparine	E
Topinambur	Helianthus tuberosus	M
Schneckenklee	Medicago spp	E/M
Weiches Flattergras	Milium effusum	M
Schwarzer Maulbeerbaum	Morus nigra	M
Breitwegerich	Plantago major	M
Eiche	Quercus spp	M
Holunder	Sambucus spp	M
Neuseeländischer Spinat	Tetragonia tetragonioides	M
Stechginster	Ulex europaeus	M
(friert zurück)		

zu Zeit in ein anderes Gehege lassen. Vielleicht muss man das Vieh während der ersten Zeit nach dem Pflanzen völlig aus den Futtergehegen fernhalten. Letztendlich können Sie sich eine Reihenfolge ausdenken, die möglichst wenig Arbeit für Sie bedeutet und für die Tiere am gesündesten ist.

Bedauerlicherweise sind Hunde und Katzen die am häufigsten vorkommenden Tiere in den Gärten unseres Kulturkreises. Dies ist nicht im Sinne einer nachhaltigen Landwirtschaft. Während man die Haltung von Katzen und auf Rattenfang spezialisierten Hunden damit begründen kann, dass sie Ratten und Mäuse unter Kontrolle halten, scheint die Menge an Geld und Aufmerksamkeit, die diesen Haustieren in einer Welt zuteil wird, in der die Hälfte der Menschheit nicht genug zu essen hat, nahezu unanständig.

Aber, wie Sie sehen, ist die Ethik der Tierhaltung eine persönliche Frage. Hunde- und Katzenliebhaber/-innen können dies als Herausforderung betrachten und eine Gartengemeinschaft entwerfen, die ihre geliebten Vierbeiner mit einbeziehen, und ich lasse mich gerne widerlegen.

Integration von Wasser

Wasser als fester Bestandteil der Landschaft wurde bereits behandelt. Im Permakultur-Garten ist stehendes oder fließendes

Tabelle 18: Tierfutter

Futterpflanzen für grasendes Weidevieh:

Roßkastanie	Aesculus hippocastanum	M	
Erle	Alnus spp	M	viel Protein
Gemeines Ruchgras	Anthoxanthum odoratum	M	Medizin / Futter
Großer Erbsenstrauch	Caragana arborescens	M	viel Protein
Segge	Carex spp	M	
Echte Kastanie	Castanea sativa	M	
Chicorée	Chicorium intybus	M	
Weiß- oder Rotdorn	Crataegus spp	M	beliebt bei Pferden
Geißklee	Cytisus spp	M	viel Protein
Buche	Fagus spp	M	
Echter Geißbart	Galega officinalis	M	milchbildend
Schwarze Walnuss	Juglans nigra	M	
Schneckenklee	Medicago spp	E/M	
Gelber Steinklee	Melilotus officinalis	Z	Medizin / Futter
Schwarzer Maulbeerbaum	Morus nigra	M	beliebt bei Schweinen
Saat-Esparsette	Onobrychis viciifolia	M	für kalkige, leichte Böden
Süßkirsche	Prunus avium	M	
Schlehe	Prunus spinosa	M	
Eiche	Quercus spp	M	
Holunder	Sambucus spp	M	
Comfrey	Symphytum spp	M	viel Protein

Wasser mit allen anderen Elementen des Entwurfs vermischt. Wir können uns die Gesamtheit als einen kontinuierlichen Energiefluss vorstellen.

Als Beispiel sei auf die folgenden Elemente in der Abbildung verwiesen:

Wasser
○ abfließendes Wasser sammelt sich
○ stabilisiert die Temperatur
○ enthält Pflanzen und Nährstoffe

Oberflächenpflanzen
○ halten das Wasser kühl
○ bieten Lebensraum für Insekten und Fische, die an der Oberfläche nach Futter suchen

Ufergewächse
○ stabilisieren Ufer
○ bieten Fröschen und Insekten Lebensraum
○ Futterpflanzen für Enten
○ Gründünger für den Garten

Teichbodenpflanzen
○ nutzen die Fruchtbarkeit von gesunkenem Allerlei
○ bieten Lebensraum für Tiere, die sich am Boden ernähren

Enten
○ halten Grünes kurz
○ düngen den Teichboden
○ produzieren Erträge zum Nutzen der Menschen
○ fressen Gartenschnecken usw.

Frösche
○ dezimieren Insekten und Schnecken

Tiere, die sich an der Oberfläche ernähren,
○ räumen treibenden Unrat auf
○ verhindern, dass Oberflächenpflanzen überhandnehmen

Tiere, die sich am Teichboden ernähren,
○ verwerten Nährstoffe der an der Oberfläche lebenden Tiere
○ fressen Entenabfälle

Teichschlamm
○ bringt Dünger für den Garten, wenn Teich gereinigt wird

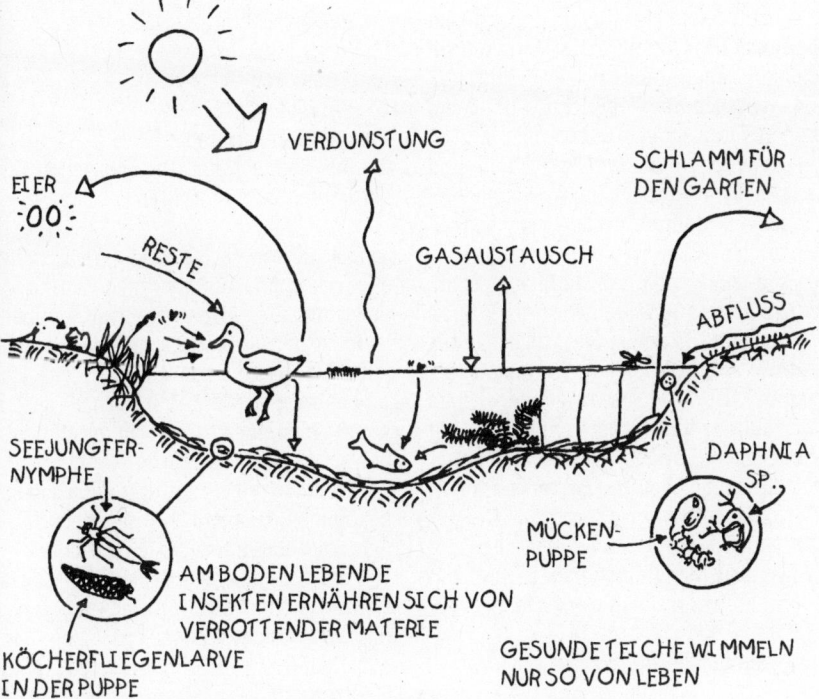

VERDUNSTUNG

SCHLAMM FÜR DEN GARTEN

EIER

RESTE

GASAUSTAUSCH

ABFLUSS

SEEJUNGFER-NYMPHE

DAPHNIA SP.

MÜCKEN-PUPPE

AM BODEN LEBENDE INSEKTEN ERNÄHREN SICH VON VERROTTENDER MATERIE

KÖCHERFLIEGENLARVE IN DER PUPPE

GESUNDE TEICHE WIMMELN NUR SO VON LEBEN

Wenn die natürlichen Energieströmungen der Gemeinschaft des Gartens respektiert werden, kann sich der Garten selbst erhalten.

Je höher der Verflechtungsgrad zwischen den Wasseranteilen und den trockeneren Teilen des Gartens ist, umso größer ist die Produktivität des ganzen Gartens.

Gärten für Menschen

> *Die Sache der Frau ist auch*
> *die Sache des Mannes;*
> *sie gewinnen oder verlieren*
> *gemeinsam.*
> ALFRED, LORD TENNYSON (1809 – 92),
> THE PRINCESS, 1847

Am Anfang dieses Buchs wurde festgestellt, dass Gärten für Menschen da sein sollen. Wir sprachen von der Wichtigkeit, die Bedürfnisse aller Benutzerinnen und Benutzer des Gartens in den Entwurf mit einzubeziehen, ob es sich dabei um junge Menschen mit viel Energie und einem hohen Fitnessgrad handelt oder um ältere Menschen, die im Garten Ruhe und Schatten mögen oder um Rollstuhlfahrerinnen und -fahrer, deren Beweglichkeit eingeschränkt ist. Es wurde schon betont, dass es notwendig ist, darüber nachzudenken, was Menschen wirklich in ihren Gärten tun. Beziehen Sie Möglichkeiten zum Wäscheaufhängen, Bastelgelegenheiten, Fahrradunterbringungen, Platz für Müll- bzw. Recyclingtonnen etc. mit ein. Stellen Sie sich vor, dass sich lauter Familienmitglieder und Freunde in Ihrem Garten befinden und dass es sich alle sehr gut gehen lassen. Es folgt eine Liste von Dingen, die Menschen tun (oder gerne tun würden), wenn sie im Garten sind:

- ○ gemütlich lesen
- ○ Ballspiele spielen
- ○ auf einem Klettergerüst spielen
- ○ schaukeln
- ○ in einer schattigen Ecke quatschen
- ○ gemütlich essen
- ○ kochen (grillen)
- ○ Kräuter pflücken
- ○ Salat pflücken
- ○ Jahresgemüse anbauen
- ○ Obst pflücken
- ○ Wäsche aufhängen
- ○ Fahrräder abstellen
- ○ Buggys/Kinderwagen abstellen
- ○ auf die Toilette gehen
- ○ Kompost lagern
- ○ Flaschen/Büchsen lagern
- ○ Holz hacken und lagern
- ○ tischlern
- ○ in der Sonne liegen
- ○ im Wasser planschen
- ○ Regenwasser aufbewahren
- ○ Bewegung bekommen
- ○ Verstecken spielen
- ○ Ruhe haben
- ○ mit Nachbarn reden
- ○ den Sonnenuntergang beobachten
- ○ Bäume wachsen lassen

Vielleicht werden Sie sagen: »Das ist ja alles schön und gut, aber mein Garten ist zu klein dafür« oder sogar »Ich habe überhaupt keinen Garten«. Sie müssen mit dem anfangen, was Sie haben.

Das Anlegen von Gemeinschaftsgärten könnte hier eine Lösung sein. Nachbarinnen und Nachbarn, die Interesse daran haben, auf legale Weise Zugang zu Land zu bekommen, können sich zusammenschließen. Dies kann vorübergehend oder auf längere Sicht geschehen. Vielleicht ist das Ganze nur zum Vergnügen, vielleicht auch, um Lebensmittel selbst zu produzieren. In manchen Orten in Großbritannien gibt es Stadtbauernhöfe mit Café und Spielplatz – Beispiele für Orte, die all diese Ideen mit einer pädagogischen Funktion verbinden.

Sogar ein kleiner Garten in der Stadt kann so gestaltet sein,
dass eine Menge Leute darin auf ihre Kosten kommen.

Ich habe wunderbare Beispiele von Gemeinschaftsgärten gesehen.

In Covent Garden in London gab es einen japanischen Wassergarten, den man auf einem unbenutzten Stück Land angelegt hatte und der drei Jahre lang erhalten blieb. Er war von Laien mit viel Freude am Gärtnern angelegt worden, und er war einfach herrlich, solange es ihn gab. Was macht es schon, dass er nicht für immer erhalten blieb? Überall auf der Welt lernen Menschen, dass die reine Stadtlandschaft grässlich ist und zu einem niedrigen Lebensstandard führt. Sie beginnen, diese unbenutzten Stadtflächen mit neuem Grün zu beleben und die Stadt Stück für Stück in miteinander verbundene Dörfer zurückzuverwandeln.

Die Zeit ist ebenfalls dafür günstig, Lebensmittel für die Menschen an Ort und Stelle zu produzieren. Sogar Balkonkästen können produktiv sein. Auf Flachdächern von Mietblocks können Mulchgärten angelegt werden. Endlose städtische, gemähte Rasenflächen können wieder in nahrungspendende Wälder zurückverwandelt werden.

Das Einzige, was uns im Wege steht, wäre ein Mangel an Ideen oder Begeisterung.

Ich lebe in einer Stadt, die zwölfhundert Einwohner zählt. Am Ende eines Frühlingswochenendes stellte ich fest, dass die städtische Mülldeponie um mindestens eine Tonne Gartenabfälle zugenommen hatte. Welch eine Verschwendung – all dies sollte in Kompost verwandelt und dem Land zurückgegeben werden. Ich habe große Lust, auszuprobieren, ob sich nicht ein gemeinschaftliches Kompostprojekt durchsetzen ließe. Einen Versuch ist es mindestens wert.

Wenn Sie sich aufgrund mangelnden Zugangs, den Sie in Ihrer Gegend zum Land haben, entmutigt fühlen, fragen Sie sich, wie Sie das ändern könnten. Die Entfremdung, die das Stadtleben mit sich bringt, lässt Menschen Gemeinschaftsaktionen gegenüber skeptisch werden. Aber oft sind es »lächerliche Kleinigkeiten« wie ein gemeinschaftliches Kompostprojekt, das die Menschen zusammenbringt und ihnen vor Augen führt, dass sie die kollektive Fähigkeit haben, etwas zu erreichen.

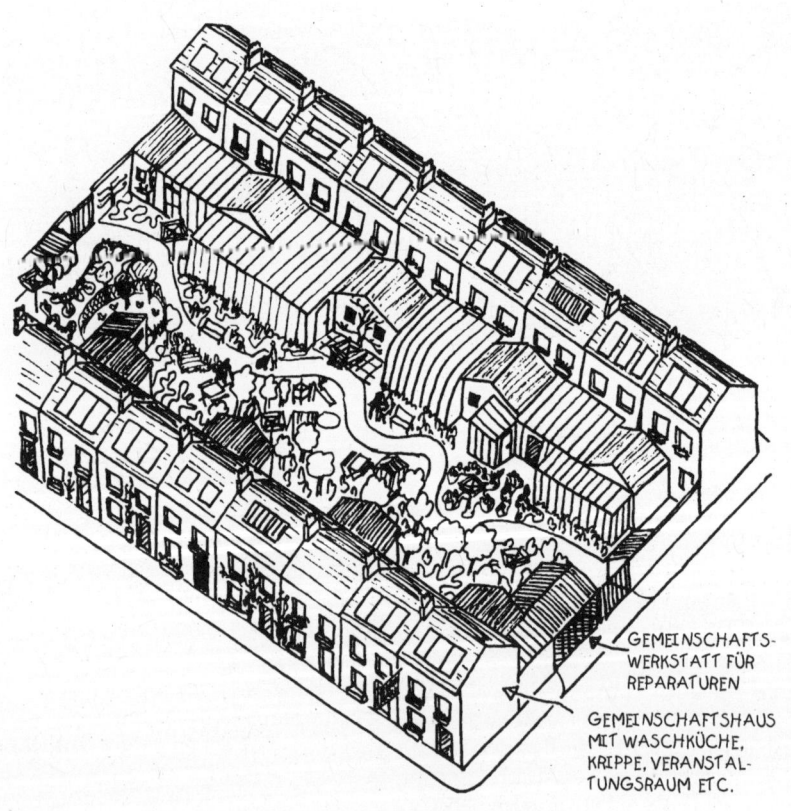

GEMEINSCHAFTS-
WERKSTATT FÜR
REPARATUREN

GEMEINSCHAFTSHAUS
MIT WASCHKÜCHE,
KRIPPE, VERANSTAL-
TUNGSRAUM ETC.

Aus vielen kleinen Ressourcen kann eine größere
Ressource zum Nutzen aller geschaffen werden.

Das Problem der Kollektivarbeit ist, dass wir nur dann zur Einigung kommen können, wenn wir alle dazu bereit sind, ein bisschen zu Gunsten anderer nachzugeben. Dies ist oft sehr schwer. Kompromiss heißt das Zauberwort.

Viele städtische Wohnviertel sind so angelegt, dass die Häuserfront nach außen und die Gärten nach innen gewandt sind.

Was würde passieren, wenn die Menschen die Zäune niederrissen und das Gemeinsame miteinander teilten?

Es ist natürlich möglich, dass es nicht klappt. Aber wenn wir es nicht wenigstens versuchen, werden wir auf jeden Fall nichts erreichen. Und was könnte heilsamer für eine beschädigte Gemeinschaft sein als gemeinsames Gärtnern?

Mit dem Boden arbeiten

Die Erde gehört nicht dem Menschen; der Mensch gehört der Erde.
Wir wissen das. Alle Dinge sind miteinander verbunden wie das Blut,
das eine Familie verbindet.

HÄUPTLING SEATTLE, 1854

Unser Garten muss in die Dimensionen von Raum und Zeit eingegliedert sein. Im Hinblick auf einen gesunden Garten gilt unsere Aufmerksamkeit letztlich dem Boden, auf dem wir den Garten anlegen. Wenn wir die Erde fruchtbar sein lassen, werden unsere Pflanzen gesund und prächtig sein.

Pflanzenbedürfnisse

Ein guter Boden ermöglicht es den Pflanzen, sich mit den Wurzeln gut im Boden zu verankern. So erhalten sie einen festen Halt. Ein gut entwickeltes Wurzelwerk sorgt außerdem dafür, dass sich die Pflanze gut ernähren kann. Als Gärtnerinnen und Gärtner sind wir dafür verantwortlich, dass für eine ausreichende und gute Versorgung mit Wasser, Luft und Bodenmineralien gesorgt ist. Das gelingt uns, wenn wir an der Bodenstruktur arbeiten.

Ein Boden mit guter Struktur ist leicht krümelig. Mit anderen Worten neigt die Erde dazu, in Partikeln zusammenzuhängen, wodurch ein Maximum an »Porenraum« gegeben ist. Die Poren in der Erde sind die Zwischenräume zwischen den Partikeln – unentbehrlich, wenn es darum geht, die Wurzeln mit Luft und Wasser zu versorgen. Wenn die Poren zu groß sind, fließt zu viel Wasser zu schnell ab, was zu Verwelkungserscheinungen bei heißem Wetter oder zu langsamem Wachstum aufgrund des Nährstoffmangels führt.

Wasser wird nicht nur deshalb benötigt, weil Pflanzen »Durst« haben, sondern auch, weil sich Pflanzen mit Hilfe des Wassers ernähren. Die meisten Mineralien, die für ihr Wachstum benötigt werden, werden in gelöster Form durch die Wurzelwände aufgenommen. Der innerhalb der Pflanze stattfindende Nahrungstransport von einem Teil der Pflanze zum anderen kann nur dann stattfinden, wenn genug Wasser vorhanden ist, um das System in Fluss zu halten.

Bodenmineralien stammen aus mehreren Quellen:

- aus verwittertem Gestein, welches die winzigen Bodenpartikel ausmacht
- aus Humus oder zersetzter Pflanzenmaterie
- aus den Stoffwechselkreisläufen der Bodenlebewesen
- aus der Luft

Die jeweilige Bodenart einer Gegend ist durch ihre Geschichte festgelegt. Es ist dennoch möglich, den Humusanteil des Bodens zu erhöhen und den Grundzustand der vorherrschenden Bodenart zu verändern. Mit Hilfe von Humus werden dichte Böden poröser und leichte Böden aufnahmefähiger für Wasser. Humus ist eine reichhaltige Quelle von sich langsam freisetzender Pflanzennahrung. Wir können für die nötigen Voraussetzungen sorgen, die der Anreicherung des Bodenlebens dienen, sodass der Boden auf diese Weise genährt wird.

Beide Maßnahmen gleichzeitig verbessern die Bodenstruktur und sorgen dafür, dass mehr Luft und auch mehr Wasser jenen Stellen zugeführt und dort gespeichert wird, wo diese Grundstoffe für die Aufnahme durch die Pflanzenwurzeln bereitgehalten werden. Dies begünstigt wiederum die Beförderung vorhandener Mineralien an die Stellen, wo die Pflanzen sie benötigen.

Geologische Einflüsse

Der Boden ist eine lebendige Matrix von immenser Komplexität. Sein Ursprung ist eng verknüpft mit den Auswirkungen, die das Wetter auf die Landschaft hat und mit den Wechselwirkungen zwischen Lebewesen und der entstandenen Materie. Die Bodenbildung ist ein sich über sehr lange Zeiträume erstreckender kontinuierlicher und unaufhörlicher Prozess.

Die Erde in Ihrem Garten wird auch von den Bodenbedingungen unterhalb Ihres Gartens beeinflusst. Je nach der Zusammensetzung des Muttergesteins entstehen darüber verschiedene Bodensorten. Fels bildet sich über Zeiträume, die das menschliche Begriffsvermögen übersteigen. Vielleicht sind Felsen ja auch lebendig, bewegen sich jedoch so langsam, dass es uns nicht möglich ist, das zu begreifen. Fels entsteht auf mannigfaltige Weise aus bereits existierendem Fels und sich

anhäufenden Mineralien. Dies geschieht oft unter großem Druck.

Vulkanisches Gestein entsteht durch Ausbrüche heißen Gesteins aus dem Erdinneren. Erstarrungsgestein entsteht aus abgekühlter Lava und Asche und durch unterschwellige Störungen in der Erdkruste. Granit und Bimsstein sind Beispiele dafür. Metamorphes Gestein ist bereits vorhandenes Gestein, das sich als Folge von hoher Temperatur in der Nähe eines Vulkans oder als Folge von besonders hohem Druck verändert hat. So entsteht zum Beispiel Schiefer. Vulkanisches Gestein, sowohl Erstarrungsgestein als auch metamorphes Gestein, ist kristallin und kann sehr hart sein.

Sedimentgestein entsteht, wenn Substanzen auf Meeres- und Flussbetten abgelagert werden oder wenn sich in Wüsten angewehte Substanzen anhäufen. So entstehen Pelit und Sandstein. Steine verändern und entwickeln sich mit der Zeit. Junges Sedimentgestein kann weich und weniger dicht sein. Lang anhaltende Bodenverdichtung kann dann für ganz andere Eigenschaften sorgen. Sedimentgestein ist meistens poröser, seine Teilbarkeitsrichtung ist horizontal. Erhebungen in der Erdkruste können die Beschaffenheit und Teilbarkeitsrichtung eines Gesteins verändern.

Faktoren wie Regen, Eis, Frost, Sonne, Gezeitenwechsel und Wind lassen das offene Gestein verwittern und es bilden sich Steinanhäufungen aus gemischten Materialien oder frische Sedimentschichten. In diesem Prozess wird Lebendsubstanz eingeschlossen, die dann zu Fossilien wird, und auf größerem Maßstab bildet sich Kohle oder Kreide aus reiner Biomasse.

Durch Betrachtung der vorliegenden Geobotanik können wir etwas über den

Untergrund sagen. Pflanzen, die Salz, Säure oder nährstoffarme Böden lieben, geben uns einen Hinweis darauf, was an diesem Ort angemessen gepflanzt werden kann.

Die geologischen Eigenschaften des Bodens haben möglicherweise verschiedene Auswirkungen auf den Garten. Sie beeinflussen die Geschwindigkeit, mit der Wasser abfließt. Böden, bei denen das Wasser schnell versickert, werden von bestimmten Pflanzen, etwa von Weintrauben und Möhren, bevorzugt. Andere Pflanzen, z. B. Schilf und Binsen, benötigen nassere Böden.

Die chemische Zusammensetzung des vorherrschenden Gesteins beeinflusst die Bodenbedingungen erheblich, sodass der Boden in Gebieten mit Kalkgestein meist erheblich dünner, jedoch weniger sauer ist. Die ökologischen Gegebenheiten in Kreidelandschaften sind zum Beispiel von einer ganz besonderen Art. Andererseits kann die oberste Erdschicht auf angeschwemmten Ebenen – einer der fruchtbarsten Böden der Erde – völlig von der Geologie des Untergrunds abweichen, sodass diesem keinerlei Bedeutung bei der Bodenbildung zukommt.

Jede Lokalität ist anders, weshalb lokales Wissen wichtig ist. Die geologischen Voraussetzungen der eigenen Wohngegend zu kennen, ist hilfreich, wenn wir den Boden verstehen wollen, mit dem wir es zu tun haben. Außerdem verbindet uns dieses Wissen mit Millionen Jahren Vorgeschichte. Wenn wir einmal einen schlechten Tag haben, könnte uns dieser Gedanke vielleicht eine ganz neue Perspektive geben.

Es gibt einige einfache Informationsquellen. Als Erstes kann man eine regionale geologische Karte zu Rate ziehen und den Unterschied zwischen der urzeitlichen geologischen Geschichte der Gegend und den nicht so weit zurückliegenden eiszeitlichen Auswirkungen feststellen. Diese Informationen können dann mit lokalen Bodenkarten verglichen werden. Das Potenzial Ihres Grundstücks wird Ihnen dadurch sehr viel klarer – und Sie müssen nicht Geologie studiert haben, um diese Art Information zu verstehen.

Bodenarten

Der Boden wird im Allgemeinen durch die Zusammensetzung der in ihm enthaltenen Mineralien definiert. Die dreieckige Tabelle verdeutlicht, inwiefern die Anteile von reinem Sand, Ton und Schluff bis hin zu Beimischungen der drei Materialien variieren können.

Für den Test benötigen Sie ein großes Marmeladenglas, das zur einen Hälfte mit Erde aus dem Garten und zur anderen Hälfte mit Wasser gefüllt wird. Gut durchschütteln und sich setzen lassen. Die größten Partikel setzen sich am schnellsten ab, sodass sich Schichten bilden, angefangen von Stein über Sand und Schluff bis zu Ton. Humus schwimmt ganz oben. Bei feinem Ton kann es bis zu achtundvierzig Stunden dauern, bevor er sich absetzt, während sich Sand sehr rasch absetzt. Die Proportionen der Schichten zeigen, woraus der jeweilige Boden besteht.

Sand

Sand besteht zum größten Teil aus Quarzpartikeln, den Kristallen in erodiertem Fels, die am langsamsten verwittern. Die Partikel sind besonders groß. Außerdem ist Sand reich an Mineralien. Pflanzen können diese Mineralien jedoch nur sehr schwer aufnehmen, sodass Sand nur dann fruchtbar ist, wenn er mit Schluff, Ton und/oder organischer Substanz vermischt ist. Wasser

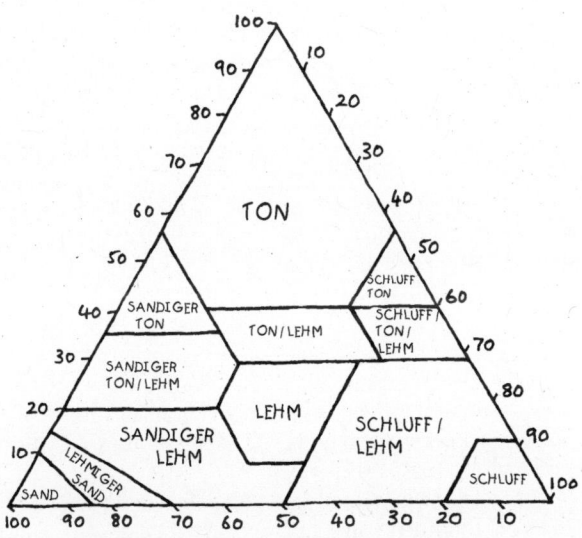

Wie lässt sich Ihr Boden auf dieser Tabelle einordnen?
Probieren Sie den Test mit dem Marmeladenglas.

versickert sehr schnell im Sand, was bedeutet, dass es kaum Probleme bei nassem Wetter gibt. Sandige Böden sind außerdem »leicht« bzw. zu jeder Zeit des Jahres einfach zu bearbeiten. Wurzelgemüse (wie Möhren) kann unter diesen Umständen gut gedeihen.

Sandige Böden sind auf Heide- oder Moorland weit verbreitet, wo langfristige Säure den Tonanteil des Bodens ausgelaugt hat. Bei diesen Bedingungen besteht die Aufgabe der Gartenbearbeitung darin, die Wasserhaltekraft und das Nährstoffvorkommen mittels Beigabe organischer Materie zu erhöhen.

Mulchen und Düngen mit Tierkot oder Gründünger (Algen sind gut geeignet) gelten hier als die besten Strategien. Sie regen das Wachstum der Regenwurmpopulation an. Regenwürmer sind beim Aufbau eines guten Bodens als die effektivsten Kräfte anzusehen. Bei sehr sandigen Böden

muss diese Strategie langfristig angewendet werden.

Schluff

Schluff liegt bezüglich seiner Partikelgröße genau zwischen Ton und Sand und ist meist reich an Mineralien. Es ist typisch für angeschwemmte Ablagerungen in Flusstälern.

Ton

Im Gegensatz zu Sand ist Ton besonders reich an verfügbaren Mineralien, zum Teil wegen der kleinen Partikelgröße. Tonpartikel können tausendmal so klein sein wie Sandkörner. Ton hat auch »kolloide« Eigenschaften. Kolloide sind wie Tapetenkleister – sie können große Mengen Wasser mittels einer sehr schwachen elektrischen Anziehung binden. Wie wir bereits gesehen haben, ist Wasser nicht nur an sich im Garten nützlich, sondern es ist das Mittel, mit dem viele Nährstoffe in gelöster Form durch den Körper transportiert werden.

Bei Ton besteht die Gefahr darin, dass Wasser nur schwer abfließt, sodass sich Ton mit Wasser vollsaugen kann, woraufhin die Pflanzen an Sauerstoffmangel ersticken und die Wurzeln verfaulen. Organische Substanzen helfen auch hier, diese »schwere« Erde wieder aufzulockern. Kalzium bringt Tonpartikel dazu, aneinanderzuhaften, sodass Zwischenräume zwischen den Partikelgruppen entstehen und das Wasser leichter abfließen kann. Der Nachteil dieses Effekts ist, dass er nur vorübergehend ist. Die Beigabe von Kalzium mittels Kalkdüngung kann die Beschaffenheit von Tonböden leider nur kurzfristig verbessern.

Es können bessere Böden gebildet werden, indem Schutt und alter Verputz in den Ton untergegraben werden, was jedoch Schwerstarbeit ist. Bessere und schnellere Ergebnisse können erzielt werden, indem man versucht, neue Böden über dem Tonboden anzusetzen, anstatt das Bodenprofil weiter unten zu verändern. Mit der Zeit werden die auf diesem neuen Boden wachsenden Pflanzen den Prozess der Bodenverbesserung selbst in Gang bringen. Die Bodenlebewesen sorgen für die restliche Arbeit.

Torf

Es gibt außerdem organische Böden, die einen sehr niedrigen Mineralgehalt besitzen, da sie zum größten Teil aus zersetzter organischer Materie bestehen. Derartige Torfböden haben meist einen hohen Säuregehalt und unterstützen Pflanzenarten, die solchen Bedingungen angepasst sind. Damit eine breite Palette traditionellerer Gewächse dort ebenfalls angebaut werden

kann, muss mit Kalk nachgedüngt werden; zudem darf man auf eine Beigabe von Mineralien zur Steigerung der Fruchtbarkeit nicht verzichten.

Die besten Böden sind Lehmböden, die aus einer guten Mischung aus Sand, Ton und Schluff bestehen, vorzugsweise mit einem hohen Anteil an organischer Substanz. Es sind achtzehn Elemente bekannt, die für das Pflanzenwachstum im Boden anwesend sein müssen:

⭘ Kalzium	⭘ Schwefel
⭘ Wasserstoff	⭘ Eisen
⭘ Sauerstoff	⭘ Mangan
⭘ Stickstoff	⭘ Bor
⭘ Kalium	⭘ Molybdän
⭘ Phosphor	⭘ Kupfer
⭘ Kohlenstoff	⭘ Zink
⭘ Natrium	⭘ Chlor
⭘ Magnesium	⭘ Kobalt

Diese Elemente müssen in den entsprechenden Verbindungen vorliegen, die gemeinsam mit anderen Elementen den Pflanzen zur Verfügung stehen. Ungünstige chemische Formen bedeuten, dass die Mineralzufuhr völlig unzureichend sein kann und dass der Boden im Grunde unfruchtbar ist.

Man kann Bodenproben von Fachleuten untersuchen lassen, was jedoch Geld kostet. Der beste Indikator sind die Pflanzen selbst. Wenn die Pflanzen gesund aussehen, wird es der Boden höchstwahrscheinlich auch sein. Alle organischen Abfälle dem Boden wieder zuzuführen, ist die beste Methode, wenn man dafür sorgen will, dass der Boden auch gesund bleibt.

Andere, weniger bedeutende Elemente sind nicht nachweislich von Einfluss auf die Pflanzenerträge, aber es könnte natürlich dennoch der Fall sein. Die Anteile der notwendigen Nährstoffe sind sehr unterschiedlich. Auf einem Maisfeld von ca. 4000 m² werden ungefähr 68 kg Stickstoff benötigt, aber nur 10 g Bor. Fehlt das Bor jedoch, dann wird der Ertrag ungünstig beeinflusst. Andererseits kann ein Übermaß bestimmter Elemente andere Elemente unterdrücken. So kann eine Kiefer an durch Kalk verursachter Chlorose leiden, wenn der Boden ein zu alkalisches Milieu hat. Der Baum leidet nicht, weil es an einem Nährstoff mangelt, sondern weil das chemische Übergewicht eines Nährstoffs die Pflanze daran hindert, einen anderen Nährstoff aufzunehmen.

Manche Nährstoffe werden in großen Mengen benötigt (Makronährstoffe), andere in kleinen (Mikronährstoffe). Stickstoff, Phosphor und Kalium (N, P, K in chemischen Düngemitteln) sind die primären Makronährstoffe des Bodens, während Kalzium, Magnesium und Schwefel sekundäre darstellen. Die anderen Elemente sind ebenso wichtig, kommen aber in geringeren Mengen vor. In Sandböden und organischen Böden (organisch bedeutet hier: Böden mit einem geringen Mineralgehalt, z. B. Torf) sind diese Elemente möglicherweise kaum vorhanden. Dasselbe gilt für alkalische Böden. In kühleren Klimazonen, wo Böden zu einem höheren Säuregrad neigen, stellt dies kein Problem dar; in tropischen Gebieten und Wüsten bedeutet dies jedoch eine Gefahr sowohl für die Pflanzen- als auch für die Menschenernährung.

Der pH-Wert

Der Säuregehalt eines Bodens wird anhand seines pH-Werts festgestellt. Ein pH-Wert von 7,0 gibt an, dass der Boden neutral ist, dass mit anderen Worten ein Gleichgewicht zwischen Wasserstoff- und Hydroxidteilchen vorliegt. Ein darunterliegender pH-Wert zeigt an, dass der Boden sauer ist, ein darüberliegender, dass er alkalisch ist. Machen Sie sich nichts daraus, wenn Sie mit der Chemie nicht viel anfangen können. Zum Gärtnern brauchen Sie wirklich keinen Doktortitel in diesem Fach zu haben.

Wissenswert ist allerdings, dass der relative Säuregehalt des Bodens das Nährstoffvorkommen beeinflusst. Es lohnt sich, einen Querschnitt Ihrer Böden zu testen. Preiswerte Testsets oder Messgeräte sind in Gartenzentren erhältlich oder Sie können Fachleute mit einer entsprechenden Untersuchung beauftragen. Die Palette der pH-Werte in Ihrem Garten könnte Ihren Gesamtentwurf beeinflussen. Deshalb lohnt es sich auf jeden Fall, mehr darüber zu erfahren.

In Gärten der gemäßigten Klimazonen gedeihen die meisten der wirtschaftlich günstigsten Pflanzen am besten unter leicht sauren Bedingungen. Einige Pflanzen, wie Zaubernuss oder Azaleen, benötigen auf jeden Fall einen recht sauren Boden, um sich gut entwickeln zu können. Es ist bedeutsam, dass Regenwürmer erst ab einem pH-Wert von 5,5 aktiv werden. Unter sehr sauren Bedingungen können unsere kleinen, glitschigen Bodenarbeiter nicht ans Werk gehen.

Die Beigabe von organischen Substanzen wie Pferdemist oder Laub als Bodennahrung macht den Boden saurer; kalkhaltige Materie (z. B. Kalk oder Kreide) macht den Boden wieder neutral oder alkalisch. Diese Substanzen sollten nicht gleichzeitig beigegeben werden, da der Kalk dazu führt, dass die Stickstoffbeigabe an die Atmosphäre verloren geht. Die übliche Handhabung beim ökologischen Fruchtwechsel (der jährliche Wechsel der angebauten Pflanze zur Erhaltung der Bodengesundheit) beinhaltet die Beigabe von Kalk vor dem Pflanzen eines Gewächses der Kohlfamilie und das Aufbringen von Mist vor dem Pflanzen von Kartoffeln.

Das Leben im Boden

Brav alter Maulwurf!
Wühlst so hurtig fort?
WILLIAM SHAKESPEARE (1564 – 1616),
HAMLET

Die Berücksichtigung des Mineralienaspekts der Bodenchemie ist sinnlos, wenn wir nicht auch die Biologie des Bodens betrachten. Es ist technisch möglich, Pflanzen in chemischen Lösungen anzubauen (so genannte Hydrokulturen). In der Natur leben Pflanzen jedoch in einem aktiven und lebendigen Boden, gemeinsam mit Lebewesen, die pro Hektar etwa zwanzig Tonnen ausmachen und die ihre Arbeit unter der Erde verrichten. Der Mineralgehalt des Bodens ist wichtig und die physikalische Unterstützung der Erde ist unentbehrlich für die Gesundheit der meisten Pflanzen. Erst das Leben in der Erde macht das Land wirklich fruchtbar.

Die Bodenlebewesen variieren vom Nagetier bis zum Regenwurm, von Insekten und essbaren Pilzen bis zu Bakterien und Sporentierchen, jenen fadenartigen Mikroorganismen, die sich durch die Bodenporen fädeln. Die wichtige Funktion all dieser Arbeitstierchen ist es, tote und verrottende Materie in Humus umzuwandeln. Humus ist eine schwarze, kolloide, schwammartige Substanz, die Tausende von Jahren unter der Oberfläche existieren kann. Humus hat eine große Wasserhaltekraft und kann so ein Speicherplatz für Nährstoffe werden.

Jeder Organismus nimmt einen wichtigen Platz in der Nahrungskette ein und steht in Beziehung zu anderen Organismen, sodass kein Lebewesen ein wirklicher »Schädling« ist: Alle leisten einen Beitrag im komplexen Netz des Lebens.

Humus unterstützt die Granulierung von Bodenpartikeln, sorgt dafür, dass der Boden leichter bearbeitet werden kann und erhöht den Anteil der Porenräume des Bodens. Dies bedeutet zugleich eine erhöhte Luft- und Wasserzufuhr für den Boden, was essenziell für die Pflanzenernährung ist.

Verrottende organische Materie liefert Stickstoff für Pflanzenprotein (was im mineralischen Teil des Bodens nicht vorhanden ist) sowie den größten Teil des von der Pflanze benötigten Phosphor- und Schwefelanteils.

Der Humusgehalt ist außerdem die Hauptnahrungsquelle für die Mikroorganismen im Boden. Es zeichnet sich somit ein Bild vom Boden ab, das einer von geschäftigen Wesen nur so wimmelnden Stadt ähnelt, in der jeder durch den anderen lebt.

Pflanzenwurzeln graben Tunnel in die Erde, brechen dichten Boden auf und ermöglichen es dem Wasser, einzudringen. Tiere, Vögel und Insekten nehmen Pflanzenmaterie auf und hinterlassen teilweise zersetzte Abfälle auf oder in der Nähe der Bodenoberfläche in Form von Fäkalien und Urin. Regenwürmer und andere grabende Wesen nehmen frische organische Substanzen von der Oberfläche auf und transportieren sie unter die Erde. Dort brechen Insekten und Mikroorganismen tote Pflanzenmaterie auf und machen daraus Humus, der Nährstoffe für die Bodenlebewesen und Pflanzen speichert. Bakterien und Pilze bilden Nahrungsketten zwischen Bodenmineralien und lebendigen Wurzeln. Wasserspiegel ermöglichen es

Tabelle 19: Pflanzen, die saure Böden vertragen

Alle hier genannten Pflanzen können auf sauren Böden gedeihen:

Tanne	Abies spp	M
Erle	Alnus spp	M
Echte Bärentraube	Arctostaphylos uva-ursi	M
Birke	Betula spp	M
Besenheide	Calluna spp	M
Segge	Carex nigra	M
Heidekraut	Erica spp	M
Walderdbeere	Fragaria vesca	M
Steinbeere	Gaultheria spp	M
Ginster	Genista spp	M
Binse	Juncus spp	M
Lärche	Larix spp	M
Fieber-, Bitterklee	Menyanthes trifoliata	M
(geschützte Art!)		
Gagelstrauch	Myrica gale	M
Waldsauerklee	Oxalis acetosella	M
Bergkiefer	Pinus mugo	M
Blutwurz	Potentilla erecta	M
Moltebeere	Rubus chamaemorus	M
Weide	Salix spp	M
Eberesche	Sorbus aucuparia	M
Kapuzinerkresse	Trapaeloum	M
Kulturheidelbeere	Vaccinium corymbosum	M
Blau-, Heidelbeere	Vaccinium myrtillus	M
Preiselbeere	Vaccinium vitis-idaea	M

den Lösungen, an die Stellen zu gelangen, wo sie gebraucht werden und so weiter.

Das Bodenleben, diese Fülle von Lebewesen, ist zusammengefasst alles, was wir zum Umgraben des Gartens benötigen. Es ist auch ein großer, sich selbst erneuernder Stickstoffspeicher, der unsere Pflanzen ernährt. Schutz und Pflege des Bodenlebens ist die wirkliche Aufgabe aller Gärtnerinnen und Gärtner.

Die Auswirkungen von Kalkbeigabe auf den pH-Wert des Bodens wurden bereits erwähnt. Eine andere Möglichkeit der langsamen Freisetzung von Kalzium ist die Beigabe verkalkter Algen. Dies hat den Vorteil, dass zusätzlich viele Spurenelemente vorhanden sind, was übrigens für alle Algenprodukte gilt. Algen sollten erst so aufbewahrt werden, dass das Regenwasser das Salz aus den Algen spülen kann. Diejenigen, die nicht an der Küste leben, aber genug Geld haben, können flüssige Algenextrakte kaufen, die den gleichen Zweck erfüllen. Aber all diese Bodenbeigaben machen Arbeit und kosten meistens etwas. Benutzen Sie sie ruhig, um

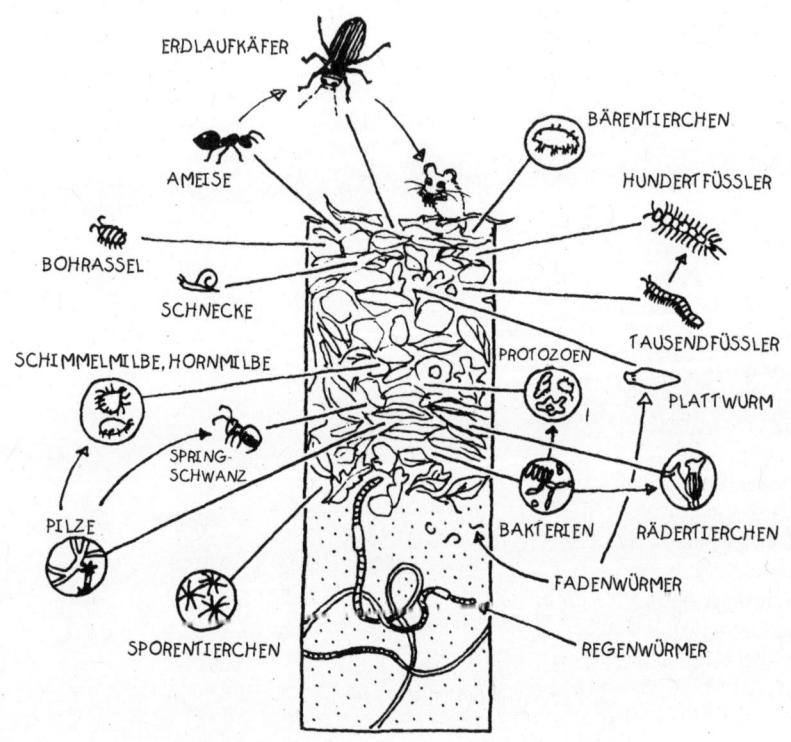

ERDLAUFKÄFER

BÄRENTIERCHEN

AMEISE

HUNDERTFÜSSLER

BOHRASSEL

SCHNECKE

SCHIMMELMILBE, HORNMILBE

PROTOZOEN

TAUSENDFÜSSLER

PLATTWURM

SPRING-
SCHWANZ

PILZE

BAKTERIEN

RÄDERTIERCHEN

FADENWÜRMER

SPORENTIERCHEN

REGENWÜRMER

Kleine Tierchen werden von größeren Tierchen gefressen, die von
noch größeren Tierchen gefressen werden, die von noch größeren ...

einen neu angelegten Garten in Gang zu bringen, aber suchen Sie nach langfristigen Mitteln, den Garten zu einer sich selbst erhaltenden Fruchtbarkeit zu bringen.

Eine Voraussetzung dafür ist, dass wir dem Garten alle unsere Abfälle zurückgeben. Viele Menschen begreifen die Wichtigkeit, dem Boden Küchenabfälle wiederzuzuführen und tun dies normalerweise mittels Komposthaufen. Es ist noch besser, die Abfälle im Garten in Form von Mulch zu verteilen: Komposthaufen werden heiß, sodass sie nicht das Leben fördern, das gedeiht, wenn die Reste direkt

der Erde wiedergegeben werden. Halten Sie sich einen Vorrat an Grasschnitt oder Holzspänen bereit, um die unordentlich aussehenden Gemüsereste abzudecken. Viele Menschen praktizieren diese Methoden bereits; wie viele von uns geben jedoch ihren Urin und ihre Fäkalien an das Land zurück?

Die im 19. Jahrhundert erzielten Fortschritte in der Hygiene waren förderlich, da viele schreckliche Krankheiten so besiegt wurden, und die heutigen Planungsbehörden ziehen das Wasserklosett dem Nachtstuhl aus diesem Grund vor. Über

Generationen wurde die Fruchtbarkeit des Landhausgartens jedoch durch das Ausleeren des Nachtstuhls auf den Beeten gesichert. Die Sache ist doch klar, oder? Man kann keine Nahrungsprodukte vom Land essen und die Exkremente woandershin werfen und dann erwarten, dass das Land fruchtbar bleibt. Mit der richtigen Kompostierung, wodurch die Ausbreitung von Krankheiten verhindert wird, sind menschliche Exkremente hervorragende Düngemittel.

Bodenergänzung

Zum Zweck der Bodenprüfung kann man ein Bodenprofil graben. Es sollte so breit gegraben werden, dass man darin stehen kann und so tief, dass man bis zum Unterboden vordringt. Da Böden erheblich innerhalb kürzester Abstände variieren, ist ein längerer Graben verlässlicher für die Beschaffung von Informationen. Seien Sie beim Zerlegen der Schichten vorsichtig und geben Sie sie in der richtigen Reihenfolge zurück.

Wenn Sie einen Meter tief gegraben haben, werden Sie eine Menge über den Boden, mit dem Sie arbeiten wollen, lernen. Bodenergänzung kann dann im Lichte eines besseren Verständnisses der Zusammenhänge und nicht aufgrund von wildem Raten erfolgen. Denken Sie dabei auch stets an die Hilfsmittel, die bereits

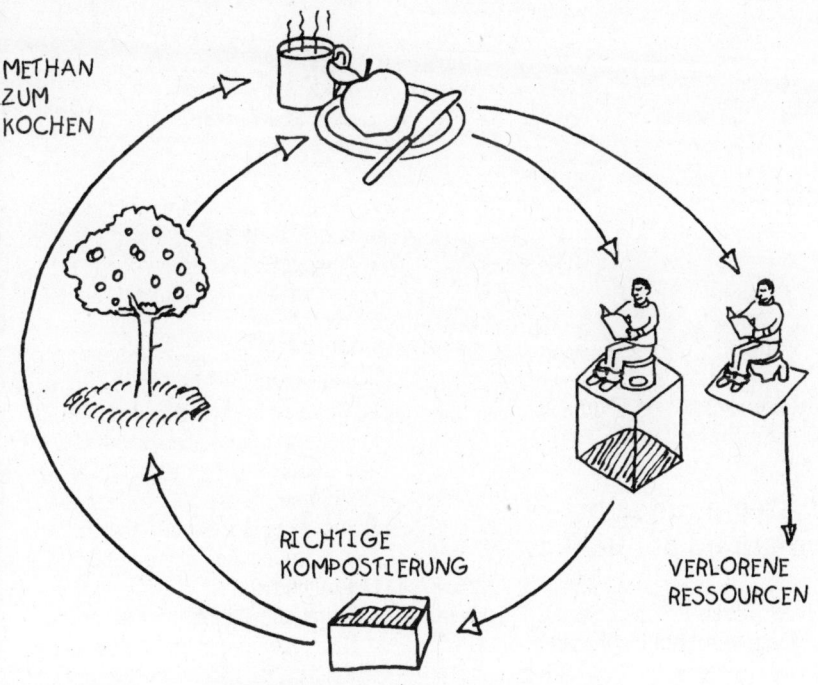

METHAN ZUM KOCHEN

RICHTIGE KOMPOSTIERUNG

VERLORENE RESSOURCEN

Ressourcenbewusste Gärtnerinnen und Gärtner streben danach, das Genommene wieder zurückzugeben.

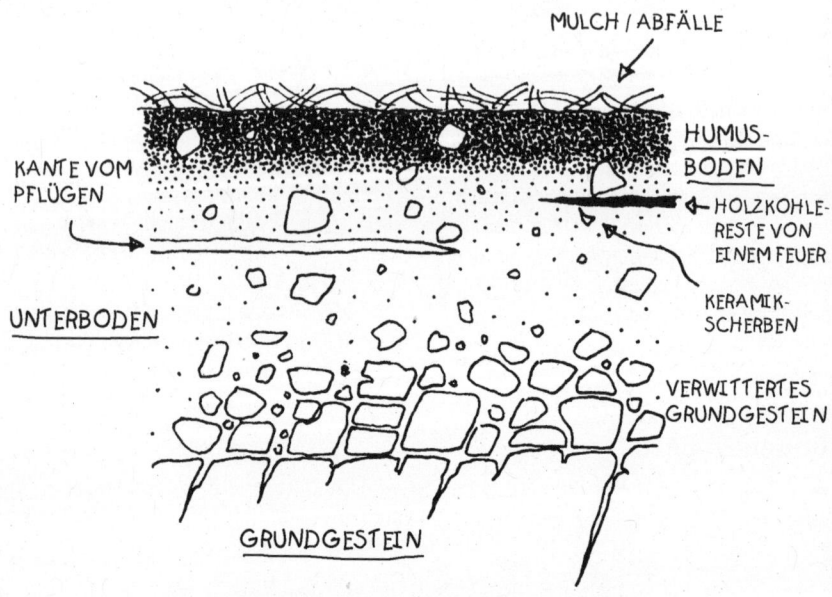

MULCH / ABFÄLLE

KANTE VOM
PFLÜGEN

HUMUS-
BODEN

HOLZKOHLE-
RESTE VON
EINEM FEUER

KERAMIK-
SCHERBEN

UNTERBODEN

VERWITTERTES
GRUNDGESTEIN

GRUNDGESTEIN

Ein Bodenprofil erzählt uns die Geschichte unserer Gartenerde
und ist sehr nützlich, wenn wir die optimale Gestaltung planen.

vorgestellt wurden: Hier sind einige Schlüsselmethoden:

- Gründünger
- Kompost
- Mulch
- Leguminosen
- Anpflanzen von Bäumen
- Düngung mit Kalk

Systeme zur Selbsterhaltung des Bodens

Unser Ziel ist es, einen Garten anzulegen, der sich selbst aufrechterhält.

Schlüsselelemente wurden bereits aufgeführt. Zur Erinnerung wollen wir diese noch einmal wiederholen:

- Geben Sie alle Gemüseabfälle dem Boden zurück.
- Pflügen Sie so wenig wie möglich.
- Vermeiden Sie es, auf den Boden zu treten.
- Halten Sie eine ganzjährige Bodenbedeckung aufrecht.
- Mulchen Sie kahle Stellen.
- Legen Sie die Betonung auf mehrjährige Pflanzen, insbesondere auf Bäume.
- Pflanzen Sie Artengemeinschaften.
- Verwenden Sie Leguminosen.
- Verwenden Sie Gründünger.
- Halten Sie Wildkräuter unter Kontrolle, indem Sie sie unterdrücken, anstatt sie zu jäten.

Bodenbedeckung

Bodenbedeckung ist besonders wichtig beim Aufbau guter, feuchter und warmer Böden. Dies wurde bereits detailliert behandelt (S. 69 ff.). Streben Sie möglichst eine lebendige Bedeckung an. Sollte dies nicht möglich sein, benutzen Sie eher organischen Mulch als schwarze Plastikfolie, die am besten eingesetzt wird, um die darunterliegende Erde schnell zu erwärmen (siehe S. 72 ff.).

Machen Sie sich nichts daraus, wenn Sie dazu gezwungen sind, eine weniger erwünschte Form der Bodenbedeckung zu verwenden. Planen Sie den Übergang zur lebendigen Bodenbedeckung für einen späteren Zeitpunkt.

Literatur

Eine Kopie der englischen Originalliteraturliste kann beim pala-verlag, Postfach 111122, 64226 Darmstadt angefordert werden.
Im Folgenden eine Liste weiterführender Literatur zu den Themen Permakultur und biologischer Gartenbau.

Bell, Graham:
Permakultur praktisch
Schritte zum Aufbau einer
sich selbst erhaltenden Welt
pala-verlag

Brunner, Sepp / Brunner, Margit:
Permakultur für alle
Harmonisch leben und einfach gärtnern
im Einklang mit der Natur
Ulmer Verlag

Burnett, Graham / Strawbrigde, Brigit:
Permaculture
A Beginners Guide
Spiralseed

Chauffrey, Josef:
Mein kleiner Permakultur-Garten
300 kg Ernte auf 150 qm Fläche
ökobuch Verlag

Erckenbrecht, Irmela:
Die Kräuterspirale
Bauanleitung, Kräuterporträts, Rezepte
pala-verlag

Erckenbrecht, Irmela:
Neue Ideen für die Kräuterspirale
Themenspiralen, Gestaltungsvorschläge,
Variationen
pala-verlag

Erckenbrecht, Irmela:
Wie baue ich eine Kräuterspirale?
Leitfaden für die Gartenpraxis
pala-verlag

Faßmann, Natalie:
Auf gute Nachbarschaft
Mischkultur im Garten
pala-verlag

Forster, Kurt:
**Mein Selbstversorger-Garten
am Stadtrand**
Permakultur auf kleiner Fläche
ökobuch Verlag

Fukuoka, Masanobu:
Der Große Weg hat kein Tor
Anbau, Nahrung, Leben
pala-verlag

Fukuoka, Masanobu:
**Die Suche nach dem
verlorenen Paradies**
Natürliche Landwirtschaft
als Ausweg aus der Krise
pala-verlag

Fukuoka, Masanobu:
In Harmonie mit der Natur
Die Praxis des natürlichen Anbaus
pala-verlag

Fukuoka, Masanobu:
Rückkehr zur Natur
Die Philosophie des natürlichen Anbaus
pala-verlag

Gampe, Jonas:
Permakultur im Hausgarten
Handbuch zur Planung und Gestaltung
ökobuch Verlag

Grünefeld, Dettmer:
Das Mulchbuch
Praxis der Bodenbedeckung im Garten
pala-verlag

Günzel, Wolf Richard:
Das Insektenhotel
Naturschutz erleben
pala-verlag

Hemenway, Toby:
Gaia's Garden
A Guide to Home-Scale Permaculture
Chelsea Green Pub Co

Holmgren, David:
Permaculture
Pinciples & Pathways Beyond
Sustainability
Chelsea Green Pub Co

Holzer, Sepp / Holzer, Claudia /
Holzer, Josef Andreas:
Sepp Holzers Permakultur
Praktische Anwendung für Garten,
Obst- und Landwirtschaft
Leopold Stocker Verlag

Jacke, Dave / Toensmeier, Eric:
Edible Forest Gardens
Ecological Vision and Theory for
Temperate Climate Permaculture
Chelsea Green Pub Co

Kleinod, Brigitte:
Das Hochbeet
Vielfältige Gestaltungsideen für
Gemüse-, Kräuter- und Blumengärten
pala-verlag

Mollison, Bill:
Permakultur konkret
Entwürfe für eine ökologische Zukunft
pala-verlag

Mollison, Bill / Allen, Jenny:
Smart Permaculture Design
New Holland

Neuhold, Manfred:
Permakultur
Der Leitfaden für Einsteiger
Verlag Ingenium

Preißler-Abou El Fadil, Andrea:
Gärtnern nach dem
Terra-Preta-Prinzip
Praxiswissen für dauerhaft
fruchtbare Gartenerde
pala-verlag

Rusch, Margit:
Anders gärtnern
Permakultur-Elemente
im Hausgarten
ökobuch Verlag

Whitefield, Patrick:
Das große Handbuch Waldgarten
OLV Organischer Landbau

Whitefield, Patrick:
Permakultur kurz & bündig
Schritte in eine ökologische Zukunft
OLV Organischer Landbau

Adressen

Internationale Verbände und Adressen

Permakultur Institut e. V.
www.permakultur.de

Permakultur Austria
www.permakultur-austria-akademie.at

Verein Permakultur Schweiz
www.permakultur.ch

Permaculture International Ltd
www.permacultureinternational.org

BCM Permaculture Association
www.permaculture.org.uk

European Permaculture Network
www.permaculture-network.eu

Permaculture Australia
www.permacultureaustralia.org.au

Permakultur Dänemark
www.permakultur-danmark.dk

Kukua Practical
Permaculture of Africa (KPPA)
www.kukuapermaculture.com

Permakulturprojekte – eine kleine Auswahl

UmweltKulturPark
www.umweltkulturpark.de

Gudhorst
www.gudhorst.de

Lebensgarten Steyerberg e. V.
www.lebensgarten.de

Allmende e. V.
http://allmende.bplaced.net/

PIA – Permakultur-Akademie im Alpenraum
www.permakultur-akademie.com

Index

Bücher zur Permakultur

Bill Mollison:
Permakultur konkret
ISBN: 978-3-89566-198-3

Graham Bell:
Permakultur praktisch
ISBN: 978-3-89566-197-6

Masanobu Fukuoka:
Rückkehr zur Natur
ISBN: 978-3-923176-46-5

Masanobu Fukuoka:
In Harmonie mit der Natur
ISBN: 978-3-923176-47-2

Andere Bücher aus dem pala-verlag

Die Originalausgabe dieses Buches ist unter dem Titel

The Permaculture Garden

bei
Thorsons,
a Division of HarperCollinsPublishers Ldt, England,
erschienen.

ISBN: 978-3-89566-196-9
© Graham Bell 1994
© für die korrigierte deutsche Nachauflage 2022:
pala-verlag gmbh, Am Molkenbrunnen 4, 64287 Darmstadt
www.pala-verlag.de
Umschlagillustration: Margret Schneevoigt
Illustrationen: Sarah Bunker
Übersetzung: Edith Bierwisch
Lektorat: Ute Galter
Redaktionelle Gartenberatung: Dettmer Grünefeld und Jutta Krämer

Druck und Bindung: Beltz Grafische Betriebe GmbH, Bad Langensalza
www.beltz-grafische-betriebe.de
Printed in Germany

Gedruckt auf
100% Recyclingpapier